流式细胞术
——原理、操作及应用（第二版）

陈朱波　曹雪涛　著

U0230362

科学出版社

北京

内 容 简 介

本书主要介绍流式细胞术的原理、操作及应用，分为概述、流式细胞仪的原理、流式图、流式细胞术的基本操作与技巧、流式分析术的应用和流式分选术的应用6个部分。概述部分介绍基本概念和几款常见的流式细胞仪；原理部分具体介绍流式细胞仪的液流系统、光路系统、检测分析系统和分选系统；流式图部分主要介绍了流式通道、流式直方图、流式散点图和流式等高线图；操作部分介绍了样品制备、荧光素偶联抗体及标记、光电倍增管电压设定、对照设置、补偿调节、阈值设定、死细胞问题处理、分选模式选择、上样速度控制、分选设门原则、分选基本步骤等内容；流式分析术的应用部分具体介绍了流式细胞术在免疫学方面的应用，并且扩展到基础医学和生物学方面的应用；流式分选术的应用部分阐述了不同条件下流式分选的策略选择和注意事项，同时还介绍了各种干细胞包括肿瘤干细胞等的流式分选方法。

本书特别适合于免疫学研究者和流式细胞术的初学者，也可以作为有一定经验的操作者的参考书，对其他领域研究者也具有很好的参考价值。

图书在版编目(CIP)数据

流式细胞术：原理、操作及应用/陈朱波，曹雪涛著. —2版. —北京：科学出版社，2014.1

（生命科学实验指南系列）

ISBN 978-7-03-039097-4

I. ①流⋯ II. ①陈⋯ ②曹⋯ III. ①细胞–生物样品分析–定量分析

IV. ①Q2-33

中国版本图书馆CIP数据核字(2013)第265199号

责任编辑：罗 静 王 静 / 责任校对：桂伟利
责任印制：吴兆东 / 封面设计：范璧合

科 学 出 版 社 出版

北京东黄城根北街 16 号
邮政编码：100717
http://www.sciencep.com

北京中科印刷有限公司印刷

科学出版社发行 各地新华书店经销

*

2010年10月第 一 版 开本：720×1000 1/16
2014年 1 月第 二 版 印张：15 3/4
2025年 1 月第九次印刷 字数：300 000

定价：88.00元

（如有印装质量问题，我社负责调换）

序

　　流式细胞术是20世纪60年代末发展起来的细胞定性和定量的技术,通过收集激光照射到细胞后的散射光信号和荧光信号反映细胞的物理化学特征,并且根据细胞的物理化学特征分选得到感兴趣的细胞。流式细胞术的出现与发展涉及很多学科和技术,包括细胞与分子生物学、流体力学、电磁理论和生物技术、激光技术、荧光技术、光电子技术、单克隆抗体技术、计算机技术、纳米技术等。可以说,像流式细胞术这样涉及这么多学科领域的一种技术并不多见。流式细胞术是现代科学技术发展的综合交叉的产物,是集多种技术发展于一体的"大成者"。流式细胞术也是一个高速发展的技术,从最初只配备1个激光器、只有1个散射光通道和1个荧光通道发展到现在的可以配备4个激光器并可以同时16色18参数进行分析或者分选,这个发展历程也只经历了不到半个世纪。而且,流式细胞术更是一个应用特别广泛的技术,不仅应用于基础医学和生物学如免疫学、细胞生物学和微生物学等的各个领域,并已成为这些领域研究不可或缺的基本技术方法,而且现在的流式细胞术更是广泛应用于临床的各个方面,如血常规检测、白血病的临床分型、急性感染的早期诊断等。此外,流式细胞术还成功应用于环境监测、食品卫生防疫等各个方面,而且其应用还在不断地向各个领域扩展延伸。可以说,流式细胞术具有广泛的应用价值和应用前景。

流式细胞仪自动化程度已经很高,但是要想用得好,用得巧,其操作依然非常复杂。操作者必须熟悉流式细胞仪的原理,不断积累实际操作经验,才能有效地使用流式细胞仪,以满足不同实验需求。初学者常会因为光电倍增管电压设置不当、对照设置错误、补偿调节不当等原因得到错误的结果。即使是经验丰富的操作者,往往也会由于对流式细胞术或者流式细胞仪某一方面不甚了解而经常得到错误的结果。为了让流式细胞仪使用者能够全面地了解流式细胞术的原理、掌握其基本操作和技术、全方位地掌握流式分析和流式分选的应用,使流式细胞术更好地服务于基础和临床研究,也为了在全国更好地普及这项重要的技术,让更多的科技工作者掌握和使用流式细胞术,《流式细胞术——原理、操作及应用》应运而生。

该书的第一个特点是深入浅出,通俗易懂。该书著者对流式细胞术的原理理解透彻,对流式细胞术的操作和应用具有非常丰富的经验,对流式细胞术有自己独特的理解,所以著者能够深入浅出、舍弃晦涩难懂的术语和词汇、根据自己的经验和理解用最为平实的语言重新诠释流式细胞术的原理、技巧和应用等各个方面,即使是从未接触过流式细胞术的初学者,通过阅读本书也能完全读懂和较为深刻地了解流式细胞术。该书的第二个特点是操作的全面性。该书全面介绍了流式细胞术操作的基本方法以及著者的心得体会和技巧,帮助操作者进一步提高自己的操作水平,从而更好地利用流式细胞术。该书的第三个特点是理论联系实践。该书用大量的实例和示意图具体而形象地阐述流式细胞术的应用,以流式细胞术在免疫学上的应用为基础,同时扩展到基础医学和生物学应用的多个方面。该书的第四个特点是重点加强了流式分选的相关内容。与其他只简单介绍流式分选原理的书籍不同,该书不仅介绍了流式分选的原理,还重点介绍了流式分选的基本操作和各种实用的操作技巧,尤其是突出了流式分选的具体应用,阐述了不同条件下流式分选的策略选择和注意事项,最后还介绍了各种干细胞包括肿瘤干细胞等的流式分选的方法。

全书从原理到技巧再到应用,层次分明,特别适合于流式细胞术的初学者,当然有一定经验的操作者也可查缺补漏,进一步加深对流式细胞术的全面理解、更好地使用流式细胞术。该书有关应用实例的介绍主要以免疫学应用为基础,但是其原理、技巧和流式分选应用则是面向流式细胞术的各个方面,其中介绍的内容适用于各相关研究领域的操作者。该书特别适用于生物医学领域研究者参考使用。

巴德年

中国工程院院士

中国医学科学院

2010 年 7 月

第二版前言

自《流式细胞术——原理、操作及应用》于2010年出版以来,得到了部分细胞学研究者和流式细胞术实践者的肯定与支持,在此深表感谢。为了能够更好地为流式细胞术实践者提供帮助,我们计划出版第二版。第二版在第一版的基础上修改了部分文字,更为易读,同时增加了部分内容,更为全面,涵盖更多的知识点。第一章"概述"内容基本不变。第二章"流式细胞仪的原理"主要增加了关于流式通道的"A"、"W"和"H"的含义以及流式细胞仪不同激光器激发的荧光进入不同光路分离系统的相关内容。第三章"流式图"主要增加了流式检测值与实际值的误差产生的原因以及该误差的分布和对流式分析和分选的影响的内容。第四章"流式细胞术的基本操作与技巧"主要增加了不同浓度Percoll的正确配制和常见错误配制方法,荧光素偶联抗体的保存方法,FSC和SSC通道电压调节方法及注意事项,PerCP荧光素与APC荧光素需要调节补偿的原理等内容。第五章"流式分析术的应用"增加了标记CD4 T细胞时是否需要标记抗CD3流式抗体,高尔基体阻断剂莫能菌素,PMA和离子霉素的原理与应用,EdU掺入法检测细胞增殖,annexin V/PI双染色法检测细胞凋亡设置十字象限的注意事项,细胞自噬流式细胞术检测,新型膜结合型报告分子系统检测基因表达,双分子荧光互补结合流式细胞术检测两种蛋白质的直接结合等内容。第五章增加了一篇引文[引文3],并且根据该引文在第1、2、3小节中分别增加了例3、例4和例3,同时强化了流式检测细胞杀伤能力的内容,尤其是体内检测细胞杀伤能力的方法。第五章我们还强化了"参考文献"的应用,将重要的参考文献标注在文章的相关内容处,需要详细了解相关内容的读者可以据此参考相关的文献。第六章"流式分选术的应用"主要增加了检测ALDH的活性鉴定肿瘤干细胞的方法和各类型肿瘤干细胞表型表。

我们希望第二版的修改与内容的增加能够更好地服务于细胞学研究者,同时衷心希望各位专家和读者能够指正书中存在的缺点与错误。

著　者

2013年7月

第一版前言

流式细胞术是20世纪60年代末开始发展起来的技术,经过40多年来的发展,其应用越来越广泛,不仅广泛应用于基础医学和生物学研究的各个领域,尤其是免疫学和细胞生物学等,而且还广泛应用于临床,如血常规检测和艾滋病病情监测等,此外,流式细胞术也已应用于环境卫生监测等领域。应用的广泛势必要求技术运用的灵活性,流式细胞术就是一门应用非常广泛、操作非常灵活的技术,所以,流式操作者不仅需要透彻理解流式细胞术的原理,而且还需要具有丰富的实际操作经验,才能较为准确地利用流式细胞术得到正确的结果,否则很可能会由于某种原因得到错误的结果。这就是本书编写的主要原因和目的,本书从流式细胞术的原理、操作和应用三方面全方位地阐述流式细胞术这门新兴的技术,著者希望通过本书,使流式细胞术的使用者能够更好地利用这门技术获得正确的实验结果,也希望借此为我国基础和临床研究贡献一份力量。

本书分为概述、原理、流式图、基本操作与技巧、流式分析术的应用和流式分选术的应用6个部分。概述部分在介绍流式细胞术基本概念的基础上,介绍了几款常用的分析型和分选型流式细胞仪;原理部分着重阐述了流式细胞仪的液流系统、光路系统、检测分析系统和分选系统;流式图部分主要介绍了流式直方图、流式散点图和流式等高线图这3种最常用的流式图;基本操作与技巧部分则强调理论结合实践,以典型实验为例,从样品制备、荧光抗体的标记、光电倍增管的电压设定、对照设置、补偿调节、阈值设定、死细胞处理、分选模式的选择、速度的控制、分选设门原则和分选基本步骤等各个方面详细阐述。流式分析术的应用部分以流式细胞术的免疫学应用为基础,扩展到基础医学和生物学研究的各个方面,内容上点、面结合,立足于流式分析最前沿的应用。流式分选术的应用部分,著者根据自己多年的经验和体会,有针对性地阐述了独立群体细胞、非独立细胞群体和低比例细胞的分选方法和策略,此外,还介绍了各种干细胞包括造血干细胞、侧群干细胞、间充质干细胞和肿瘤干细胞的分选方法。

本书在编写和修改过程中得到了韩岩梅副教授、徐红梅博士和顾炎博士的大力支持,在此深表感谢。感谢BD公司和贝克曼公司提供流式细胞仪的图片。本书力求全面准确地阐述流式细胞术的原理、操作技巧和应用,但囿于学术水平和实验技术等的限制,虽全书的内容经再三推敲和反复求证最终完成,但毕竟难以尽善尽美,书中存在缺点和错误在所难免,敬请各位专家和广大读者批评和指正。

著 者

2010年7月

目　　录

概　述

　　流式细胞术(flow cytometry)是20世纪60年代后期开始发展起来的利用流式细胞仪(flow cytometer)快速定量分析细胞群的物理化学特征以及根据这些物理化学特征精确分选细胞的新技术,主要包括流式分析和流式分选两部分。流式细胞仪通过接收激光照射液流内细胞后的散射光信号和荧光信号反映细胞的物理化学特征,如细胞的大小、颗粒度和抗原分子的表达情况等。流式细胞仪的出现和流式细胞术的发展是多学科领域共同发展的结晶,其中涉及细胞与分子生物学和生物技术、单克隆抗体技术、激光技术、荧光化学、光电子物理、流体力学、计算机技术等。

　　流式细胞术主要应用于生命科学的基础研究,尤其是免疫学、细胞生物学和分子生物学。80年代后期开始应用于临床,应用流式细胞术测定外周血CD4 T细胞的数量能用于监测HIV感染者疾病的进展,开启了流式细胞术应用于临床的新纪元。随后,利用流式分选干细胞过继回输用于疾病的治疗,进一步拓展了流式细胞术的临床应用。现在,流式细胞术还能辅助多种疾病的诊断,尤其是白血病的诊断和分型。

1.1 流式细胞术基本概念

1. 原理

特定波长的激光束直接照射到高压驱动的液流内的细胞,产生的光信号被多个接收器接收,一个是在激光束直线方向上接收到的散射光信号(前向角散射),其他是在激光束垂直方向上接收到的光信号,包括散射光信号(侧向角散射)和荧光信号。液流中悬浮的直径从0.2~150μm的细胞或颗粒能够使激光束发生散射,细胞上结合的荧光素被激光激发后能够发射荧光。散射光信号和荧光信号被相应的接收器接收,根据接收到的信号的强弱波动就能反映出每个细胞的物理化学特征。

2. 流式细胞术的三大要素

流式细胞术有三大要素,分别为流式细胞仪、样品细胞和荧光染料或者荧光素偶联抗体。流式细胞术是在流式细胞仪上操作的,流式细胞仪根据其功能的不同可以分为分析型流式细胞仪和分选型流式细胞仪,前者只能流式分析,不能分选纯化目标细胞,后者能够同时进行流式分析和流式分选。

流式细胞术检测的对象是细胞,而且是呈独立状态的悬浮于液体中的细胞,即单细胞悬液。流式细胞术不能直接检测组织块中的细胞,要检测脏器或组织中的细胞,必须先用各种方法将脏器或组织制备成单细胞悬液,然后标记上荧光素偶联抗体,才能被流式细胞仪检测。流式细胞术不能直接检测分子,但是用人工合成的颗粒代替细胞,然后将该分子的抗体与人工颗粒结合,可以间接检测分子,如用CBA法检测细胞因子等。

流式细胞术可以定量检测样品细胞的物理化学特征,其定量是以光信号为基础的,通过分析接收到的激光照射到细胞后的散射光信号和荧光信号完成定量分析。样品细胞只有标记荧光染料或者荧光素偶联抗体进而被特定波长的激光照射后才能发射特定波长的荧光信号,从而得到样品细胞表达某抗原分子强弱情况等化学特征,否则只能通过分析散射光信号得到样品细胞体积大小和颗粒度等物理特征。

3. 光指示系统

流式细胞术是一种定量技术,任何一种定量技术都有其指示系统,流式细胞术的指示系统是光信号,流式细胞术通过检测细胞经激光照射后收集到的光信号间接反映细胞的物理化学特征。接收到的光信号主要有散射光信号和荧光信号两种,散射光信号是激光照射到细胞后发生散射形成的,散射光的波长与激光的波长相同;荧光信号是细胞上结合的荧光素被激光激发后产生的,一般荧光信号的波长要长于激发它的激光的波长,流式细胞仪通过光路系统将荧光信号根据波长的不同分成不同的部分,不同波长的荧光分别进入各自的接收器被流式细胞仪接收和分析。流式细胞术通过分析散射光信号来反映细胞大小和颗粒度等物理特征;通过分析荧光信号来反映细胞表达抗原、合成细胞因子等化学特征。

4. 群体信息

流式细胞术关注的是细胞的群体信息,如有多少比例的细胞表达某重要的抗原分子或者合成某重要的细胞因子等,而并非关注其中某一个细胞的特性。所以,流式细胞术得到的经常是一个比例值(如阳性比例),或者平均荧光强度等群体信息。

5. FACS

荧光驱动的细胞分选(fluorescence-activated cell sorting, FACS)最初于1972年提出,指的是荧光驱动的细胞分选的新技术。FACS后来被BD公司(第一个将流式细胞仪商业化的公司)注册为商标,用于标识与流式细胞术相关的设备和试剂。现在,FACS已经被广泛接受,其含义也已经发生了变化,目前FACS通常指流式细胞仪和流式细胞术。

6. Hi-D FACS

高维流式细胞术(high-dimensional FACS, Hi-D FACS)是指多参

数同时使用的流式细胞术。最初的流式细胞仪只配备有1个激光器,只能使用2个参数,一个是散射光信号,一个是荧光信号。随着流式细胞仪的快速发展,激光器数目、可分析的参数或荧光通道数目也随之增加,从目前普遍使用的2个激光器(488nm和635nm激光器)、4色荧光(FITC、PE、PerCP和APC)以及前向角散射和侧向角散射的6参数分析,发展到4个激光器、16色荧光18参数同时分析。Hi-D FACS就是指可同时进行4色、6参数以上分析的流式细胞术,多用于细胞亚群的精确界定与分析,如对人外周血T细胞和B细胞亚群的精确界定。

Hi-D FACS最大的优点是能提供细胞表面多种抗原分子的相互关系图,从而更加精确地界定一种细胞亚群,发现不同细胞亚群之间的表型差异等。而且,Hi-D FACS可以同时测定胞内的细胞因子合成、激酶的激活、代谢物质的变化等多种信息,进一步从功能上研究不同的细胞亚群。但Hi-D FACS同时检测的荧光通道数较多,需准确调节各通道之间的补偿,对技术要求更高;由于其中所含的信息量非常大,错误信息掺杂的概率也相应增加,所以数据分析时需格外注意,下结论时需非常慎重,一般需采用不同的标记方案多次互相印证才能得出重要结论。

7.FACS与单克隆抗体技术

1975年Kohler和Milstein创建的杂交瘤技术和由此发展起来的单克隆抗体技术促进了FACS的发展和广泛应用。杂交瘤能够产生几乎所有的单克隆抗体,每一种单克隆抗体都能与相应抗原特异性结合,而且单克隆抗体与各种荧光素的偶联方法比较简便,从而在理论上可提供几乎所有的、用于FACS的荧光素偶联单克隆抗体。目前已有几百种商品化的荧光素偶联单克隆抗体用于FACS的基础研究和临床应用。

单克隆抗体技术促进了FACS的发展,FACS反过来也促进了单克隆抗体技术的发展。单纯细胞融合法产生的杂交瘤细胞中含有大量无抗体分泌能力的细胞,常规培养很难从中得到纯的分泌单克隆抗体的杂交瘤细胞,而联合利用FACS可进一步分选出其中分泌单克隆抗体的杂交瘤细胞,然后克隆扩增。事实上,很多杂交瘤克隆就是通过这种方法被挽救得到的,所以,FACS和单克隆抗体技术可相互促进,共同发展。

8. Logicle数据形式

Logicle数据形式又称为双向指数(bi-exponential)数据形式,是一种新的流式图数轴的数据表示形式,是在经典的对数(logarithmic)数据表示形式基础上发展而来的。Logicle数据是将检测到的荧光信号值减去非特异性荧光信号值,然后以对数形式显示。经典的对数值都是正数,但Logicle数据可能是零或者负数,所以其流式图数轴的起点不是零,而是负数。Logicle数据形式有利于验证荧光通道之间的补偿是否调节得当,补偿调节得当时,阴性细胞群的平均荧光值为零,细胞平均分布于零值线的两侧,基本呈对称分布;如果阴性细胞多数位于零值线以上,说明补偿调节不够;相反如果阴性细胞多数位于零值线以下,说明补偿调节过度。

1.2　分析型流式细胞仪介绍

流式细胞仪根据其功能主要分为分析型流式细胞仪和分选型流式细胞仪两种,分析型流式细胞仪只能用于流式分析,细胞样品经流式细胞仪的液流系统被仪器分析后最终进入废液桶,不能回收利用。本节将简要介绍几款分析型流式细胞仪。

1. FACSCount流式细胞仪

FACSCount是一种经济普及型小型流式细胞仪(图1-1),专门用于临床监测HIV感染者的病情。它能够精确计数患者外周血中总T细胞、CD4 T细胞和CD8 T细胞的绝对数量,其中的CD4 T细胞绝对计数能力价值最高,因为患者外周血中的CD4 T细胞绝对数量与HIV感染者病程进展密切相关,是临床上指导患者用药的重要指标。

图 1-1　FACSCount流式细胞仪

FACSCount流式细胞仪系统安装简便,一体式设计,无需外源计算机,操作简单无需特殊培训,自动软件实现样品获取、结果分析和打印的全程自动化。而且,荧光素偶联抗体保存于密封管中,直接加入全血孵育、固定就可上机检测,无需常规的溶血、离心和洗涤等处理,大幅度缩短操作时间,并能避免人为误差的产生。

2. FACSCalibur流式细胞仪

FACSCalibur是一种双激光全自动4色台式流式细胞仪(图1-2),通过配备双激光器(488nm蓝激光器和635nm红激光器)实现FITC、PE、PerCP和APC荧光的4色分析,可同时满足临床分析和基础研究的需要。此款流式细胞仪开机无需等待,暖机5min后即可上样分析,操作简便,自动化程度较高。此流式细胞仪通过双参数阈值设定可减少杂信号,同时增加分析速度,分析速度可达10 000个/s。另外,检测细胞周期时,可利用DDM系统辨别粘连细胞,减少出现假高倍体结果的概率。

图 1-2　FACSCalibur流式细胞仪

3. LSR II分析型流式细胞仪

LSR II分析型流式细胞仪(图1-3),配置UV激光和数字化的电子系统,可满足多激光器和多荧光通道的需求。此款流式细胞仪可配备1~4个激光器,包括488nm空冷氩离子激光器、405nm紫色激光器、635nm氦氖激光器和355nm固态紫外激光器,所有激光器都是气冷且带固定校准。可检测的荧光通道多达10个,包括488nm激光激发的FITC、PE、PerCP和PE-Cy7通道,635nm激光激发的APC和APC-Cy7通道,355nm激光激发的Indo-1和DAPI通道,405nm激光激发的Cascade Blue和Alexa 430通道,最多可进行10色分析。通过采用光胶耦合石英杯,提高光信号收集效率和仪器的检测信号灵敏度。LSR II流式细胞仪分析速度可达20 000个/s。

图1-3　LSR II分析型流式细胞仪

4. Navios和Gallios流式细胞仪

Navios和Gallios流式细胞仪是一种多色分析型流式细胞仪(图1-4)。两款流式细胞仪在结构和功能上没有太大区别,Navios流式细胞仪主要用于临床诊断,而Gallios流式细胞仪主要用于基础研究。Navios和Gallios流式细胞仪使用卡槽式激光器,便于激光器的更换,仪器提供3种通道配制,即配备2个激光器的6通道和8通道配制,以及配备3个激光器的10通道配制。此外,仪器采用的18度光学收集系统,可以减少光信号的损失。

图1-4　Navios和Gallios流式细胞仪

5. iCyte自动化成像流式细胞仪

iCyte自动化成像流式细胞仪(automated imaging cytometer)是显微成像技术和流式细胞术相结合的产物(图1-5),不仅能够提供整个细胞群的物理化学特征,而且能够对每个检测到的细胞进行成像,如此将个体细胞成像和群体细胞统计相结合,其实已经不是一般意义上的流式细胞仪。

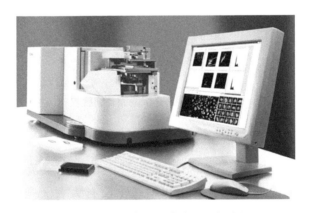

图1-5　iCyte自动化成像流式细胞仪

iCyte自动化成像流式细胞仪配备有488nm、635nm和405nm 3个激光器,散射光信号不是用于提供常规流式细胞仪的前向角散射和侧向角散射信息,而是用于细胞成像;荧光信号被4个光电倍增管接收,即有4个荧光通道接收相应的荧光信号用于常规的流式分析。

6. FACSCanto II流式细胞仪

FACSCanto II是一台兼顾科研需求和临床检测的分析型流式细胞仪(图1-6)。此款流式细胞仪可采用双激光器或者三激光器进行6色或8色分析。仪器使用全反射光路设计,提高了仪器检测的灵敏度和速度,分析速度可达10 000个/s。荧光间补偿调节较为简单,能够较为准确地进行联机或者脱机模式下的激光内或者激光间的荧光通道补偿调节。

图1-6　**FACSCanto II流式细胞仪**

FACSCanto II流式细胞仪兼顾了临床检测的需求,可以配备FACSCanto clinical临床软件,该软件可以实现一管式淋巴细胞亚群全套分析,能够进行TBNK和HLA-B27模块的自动设门、结果计算和实验报告的生成等。

1.3 分选型流式细胞仪介绍

分选型流式细胞仪能够分选回收样品细胞内的目标细胞,用于后续功能实验。分选型流式细胞仪比分析型流式细胞仪多了一个分选系统,它既能用于流式分析,也能用于流式分选。但是分选型流式细胞仪一般不推荐用于流式分析,因为它的进样管道较长,流式分析所需的时间要明显长于分析型流式细胞仪,而且分选型流式细胞仪一般要求流式管道处于绝对的无菌状态,以保证分选得到的细胞处于无菌状态,所以用分选型流式细胞仪进行流式分析时要求样品细胞处于无菌状态,提高了样品细胞准备的要求,因此,分选型流式细胞仪一般只用于流式分选。本节将简要介绍几款分选型流式细胞仪。

1. FACSVantage SE流式细胞仪

FACSVantage SE是一种分选型流式细胞仪(图1-7)。此款流式细胞仪最多可配备3个激光器同时进行6色8参数分析。仪器准确分析速度为20 000个/s,最大分析速度为60 000个/s,标准分选速度为10 000个/s。FACS Diva使FACSVantage SE成为数字化流式细胞仪,QuadraSort功能实现4路分选,AutoSort液滴延迟自动计算功能简化了分选设定过程。但是,此款流式细胞仪开机调试较为复杂,分选速度相对较低,基本已被更加先进的分选型流式细胞仪取代。

图1-7　FACSVantage SE流式细胞仪

2. FACSAria III流式细胞仪

FACSAria III是一种高速台式分选型流式细胞仪 (图1-8)。此款流式细胞仪使用石英杯流动池固定校准,实现了固定光路系统,不需要用户在分选前对光路调整优化,因此对操作者的技术要求不高。FACSAria III流式细胞仪分析速度可以达到100 000个/s,分选速度可以达到70 000个/s。

图1-8　FACSAria III流式细胞仪

FACSAria III流式细胞仪可配备488nm、633nm和407nm三个激光器,488nm激光激发的信号采用新的八角形荧光信号接收器,可检测7个荧光信号;633nm和407nm激光激发的信号采用新的三角形荧光信号接收器,分别可检测3个荧光信号,因此加上2个散射光信号,总共可以检测15个参数信号。

3. Influx流式细胞仪

Influx流式细胞仪提供了一个可灵活配置的开放式细胞分选平台(图1-9)。此款流式细胞仪采用模块化设计,可以根据研究人员的实验要求进行仪器优化,可以适当扩大其应用范围。Influx流式细胞仪可配置1~5个激光器,最多可进行16色18参数分析,分析速度可达200 000个/s。仪器采用新的喷嘴设计,可在低鞘液压力下形成高频液滴,有利于细胞活力的保持。仪器可配置HEPA过滤仓和分选仓气溶胶控制系统,分选仓配置有紫外杀菌灯,有利于实现流式分选的无菌环境。仪器还可选配偏振模块,可检测散射光和荧光信号的偏振现象,从而有利于检测特殊生物体。

图1-9 **Influx流式细胞仪**

4. MoFlo XDP流式细胞仪

MoFlo XDP流式细胞仪(图1-10),其分析速度可达100 000个/s,分选速度可达80 000个/s。仪器可以实现分选速度与分选纯度分离,在高速分选时也可以得到较高纯度的目标细胞。仪器配置两台高精度数字化处理器,一个用于收集、分析数据和操作控制,另一个用于处理和分析荧光和电子信号,有利于提高仪器的信号接收和信息处理的能力。

图1-10　MoFlo XDP流式细胞仪

仪器可选配488nm、635nm、405nm、532nm、561nm、355nm和457nm 7种激光器,可实现多色多参数同时分析和分选。仪器提供50μm、70μm、80μm、90μm、100μm、120μm、150μm和200μm 8种规格的喷嘴,可满足各种生物学样品分析和分选需求,分析和分选的范围更广。仪器采用触摸式控制屏和Smartsampler智能化全自动进样装置,适当简化了操作步骤,Intellisort模块可以帮助使用者监控分选过程。另外,仪器实现了混合式分选模式,在同一次分选中可以对不同的目标细胞采用不同的分选模式。

参考文献

Bonner WA, Hulett HR, Sweet RG, et al. 1972. Fluorescence activated cell sorting. Rev Sci Instrum, 43: 404-409

De Rosa SC, Herzenberg LA, Herzenberg LA, et al. 2001. 11-color, 13-parameter flow cytometry: identification of human naive T cells by phenotype, function, and T-cell receptor diversity. Nat Med, 7: 245-248

Fiering S, Roederer M, Nolan G, et al. 1991. Improved FACS-Gal: flow cytometric analysis and sorting of viable eukaryotic cells expressing reporter gene constructs. Cytometry, 12: 291-301

Gujral S, Tembhare P, Badrinath Y, et al. 2009. Intracytoplasmic antigen study by flow cytometry in hematolymphoid neoplasm. Indian J Pathol Microbiol, 52(2): 135-144

Herzenberg LA, Parks D, Sahaf B, et al. 2002. The history and future of the fluorescence activated cell sorter and flow cytometry: a view from Stanford. Clin Chem, 48: 1819-1827

Hulett HR, Bonner WA, Barrett J, et al. 1969. Cell Sorting: automated separation of mammalian cells as a function of intracellular fluorescence. Science, 166:747-749

Janossy G. 2004. Clinical flow cytometry, a hypothesis-driven discipline of modern cytomics. Cytometry A, 58(1): 87-97

Kohler G, Milstein C. 1975. Continuous cultures of fused cells secreting antibody of predefined specificity. Nature, 256: 495-497

Nolan G, Fiering S, Nicolas J, et al. 1988. Fluorescence-activated cell analysis and sorting of viable mammalian cells based on beta-D-galactosidase activity after transduction of E.coli lacZ. Proc Natl Acad Sci USA, 85: 2603-2607

Parks DR, Bryan VM, Oi VT, et al. 1979. Antigen-specific identification and cloning of hybridomas with a fluorescence-activated cell sorter. Proc Natl Acad Sci USA, 76: 1962-1966

Perfetto SP, Chattopadhyay PK, Roederer M. 2004. Seventeen-colour flow cytomety: unravelling the immune system. Nat Rev Immunol, 4(8): 648-655

Roederer M, Fiering SN, Herzenberg LA. 1991. FACS-Gal: flow cytometric analysis and sorting of cells expressing reporter gene constructs. Methods Enzymol, 2: 248-260

Tung JW, Heydari K, Tirouvanziam R, et al.2007. Modern flow cytometry: a practical approach. Clin Lab Med, 27(3): 453-468

Tung JW, Parks DR, Moore WA, et al. 2004. Identification of B-cell subsets: an exposition of 11-color (Hi-D) FACS methods. Methods Mol Biol, 271: 37-58

Zuba-Surma EK, Kucia M, Abdel-Latif A, et al. 2007. The ImageStream system: a key step to a new era in imaging. Folia Histochem Cytobiol, 45(4): 279-290

2 流式细胞仪的原理

　　流式细胞仪的原理,简而言之就是一定波长的激光束直接照射到高压驱动的液流内的细胞,产生的光信号被多个接收器接收,一个是在激光束直线方向上接收到的前向角散射光信号,其他的是在激光束垂直方向上接收到的光信号,包括侧向角散射光信号和荧光信号。液流中悬浮的细胞能够使激光束发生散射,而细胞上结合的荧光素被激光激发后能够发射波长高于激发光的荧光,散射光信号和荧光信号被相应的接收器接收后,根据接收到信号的强弱就能反映出每个细胞的物理和化学特征。

　　各种型号的流式细胞仪虽然差别较大,但其基本结构却是相同的,一般可以分为几个系统,包括液流系统、光路系统、检测分析系统和分选系统。分析型流式细胞仪主要由前面3个系统组成,分选型流式细胞仪比分析型流式细胞仪多了1个分选系统。本章将具体介绍流式细胞仪的这些重要组成系统。

2.1 液流系统

流式细胞仪的液流系统(图2-1)由两套紧密联系而又相互独立的液流组成,即鞘液流和样品流。

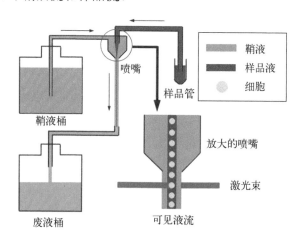

图2-1 流式细胞仪液流系统示意图

鞘液流从鞘液桶开始,流经专门的管道进入喷嘴,经喷嘴的小孔形成稳定的可见液流。一般分析型流式细胞仪的这部分液流在机器内部,正常工作条件下看不到,工程师调节光路将机器外壳打开时可以看到;而分选型流式细胞仪的这部分液流是可见的,因为需要调节液流和激光的相对位置使激光正好照射到液流的中央,从而得到最强的散射光和荧光信号,或者需要调节液流与废液收集孔的相对位置,使可见液流正好经废液收集孔的中央进入废液管道。在没有样品流的参与时(未上样时),该可见液流都是由鞘液流组成。最后,可见液流通过下方的废液收集孔经废液管道流入废液桶。

鞘液(sheath)有专门的配方,各流式细胞仪制造公司都会提供专门的鞘液,其最基本的特征就是等渗,保证处于鞘液中的细胞不会因低渗或者高渗而死亡。分析型流式细胞仪和分选型流式细胞仪对于鞘液有不同的要求。分析型流式细胞仪只需要保证激光照射点处的细胞处于正常生理状态(等渗状态)即可,因为不需要回收该细胞,所以不需要考虑之后细胞是否处于等渗状态,而上样时细胞处于可见液流的样品流中,而不是鞘液流,所以鞘液是否等渗并不会影响样品流中细胞的状态,因此分析型流式细胞仪的鞘液流可以用双蒸水代替,当然用等渗的PBS也可以,但是长时间用PBS可能会因为盐分过高出现结晶等问题,从而影响管道寿命或者造成管道阻塞等,所以用双蒸水比PBS要好。而分选型流式细胞仪需要收集目标细胞,细胞是以液滴的形态被接收的,液滴由样品流中的样品液和鞘液混合而成,并且主要是由鞘液组成,因此这时的鞘液必须是等渗的,否则分选后得到的细胞可能因为渗透压不适合的问题而死亡,所以不能用双蒸水代替鞘液,但在实验条件要求不高时可以用PBS代替鞘液(表2-1)。

表2-1 流式细胞仪鞘液选择表

仪器种类	理想鞘液	代替鞘液
分析型流式细胞仪	公司提供的专门鞘液	双蒸水
分选型流式细胞仪	公司提供的专门鞘液	PBS

注: 代替鞘液是在预实验或者实验要求不高时为了节省成本而选择的鞘液, 正规实验或者实验要求高时必须选用理想鞘液, 否则可能会影响实验结果。

样品流是上样分析的含有样品细胞的液体流,样品流开始于样品管,经过特定的专门管道进入喷嘴,然后与鞘液一起从喷嘴口射出形成可见液流,最后经废液孔流入废液桶。

可见液流是从喷嘴口到废液收集孔这一段的液流,直接暴露在空气中。这段液流是最重要的液流,因为激光正好是照射在这段液流的某一点(固定光路的流式细胞仪除外),然后仪器接收细胞经激光照射后的散射光和荧光信号进行分析。对于分选型流式细胞仪,这段液流则更为重要,因为分选过程就是在这段液流内实现的,具体分选原理将会在第四节中介绍。

待机时,即没有上样分析样品细胞时,可见液流都由鞘液组成;上样时,可见液流由鞘液流和样品流两部分组成。上样分析时,鞘液流和样品流虽然互相接触,却泾渭分明,并没有互相混合在一起,而是形成层流,样品流在中间,鞘液流在外围,而且两者所受的压力也不一样。

一般情况下,样品流的压力要高于鞘液流,这样有利于层流的维持,从而保证可见液流的稳定,确保待分析的细胞一直处于中央的样品流内。激光束光线非常集中,其直径并不能覆盖整个可见液流,而是直接对准可见液流中央的样品流,待分析的细胞就位于样品流内,如果样品流与鞘液流互相混合,那么细胞就可能位于周围的鞘液流内,无法被激光照射,也就无法进行分析,从而影响实验结果。

喷嘴(nozzle)也称流动室,是流式细胞仪的重要组成元件之一,其主要功能是形成非常细的可见液流,使细胞以单个串状形式排列于可见液流中,从而让激光依次照射每个细胞,分析所有细胞的数据。喷嘴出口的孔径非常小,在高压的状态下使液流形成非常细的高速液流,而且要求液流维持层流,不形成湍流,其工艺是非常精细的。喷嘴的孔径根据待分析的细胞的大小不同,具有不同的规格,一般有70μm、85μm、100μm。最为常用的是70μm的喷嘴,适用于体积较小的血细胞,脾脏和淋巴结的免疫细胞等;而体积较大的细胞如肿瘤细胞、脏器实质细胞等需选用孔径较大的喷嘴。

因为在特定的时间点,激光只能照射到一个细胞,分析一个细胞的各项物理化学指标,而样品中的细胞量却非常大,要在短时间内分析完大量的细胞,就要求可见液流的流速非常高。流速越高,单位时间内流经激光照射点的细胞量越多,实验所需时间越短,流式细胞仪的分析速度就越快。流式细胞仪通过给鞘液和样品施加高压,某些型号的流式细胞仪还给废液桶施加负压,从而实现可见液流的高速流动。以MoFlo XDP流式细胞仪为例,空气压缩机产生高压,通过特定的压力管道分别给鞘液和样品加压,使用70μm的喷嘴时,给鞘液和样品的正压可达到60个大气压,实现可见液流的高速流动,1s的时间激光可以依次照射10万个细胞,分析这10万个细胞的物理化学特性,大幅度缩短样品的上样和分析时间。

虽然由同一个空气压缩机给鞘液和样品加压,但是鞘液和样品得到的压力不一样,一般情况下,样品正压要高于鞘液正压,这样有利于可见液流层流的保持与稳定。同时,操作者可以通过调节样品正压与鞘液正压之差来控制上样的速度:样品正压与鞘液正压之差越大,可见液流中样品流的直径就越大,单位时间内流经同一个截面的液体量就越多,流过的细胞也就越多,单位时间内分析的细胞就越多,上样分析速度就越大。

2.2 光路系统

光信号包括散射光信号和荧光信号,是流式细胞仪的灵魂,流式细胞仪分析细胞是以激光照射细胞后接收到的光信号为基础的,所以光路系统是流式细胞仪的灵魂系统,要想较好地掌握、理解流式细胞仪,就必须先熟悉光路系统。

光路系统始于激光器,激光器是流式细胞仪的必需组成元件之一。不同型号和用途的流式细胞仪配备的激光器差别较大,但是必须至少有1个激光器。激光器的分类方法很多,最常用的分类方法是根据其发射的激光的波长来分,如488nm的蓝激光器就能发出488nm的激光,它是最常用的激光器,所有型号流式细胞仪一般都配备有此激光器,其他常用的还有635nm的红激光器、405nm的紫激光器和355nm的紫外激光器等。

不同的激光器发出的激光照射到细胞后产生的光信号会经过不同的光路系统被不同的通道接收,上述常用激光器的通道分配总结于表2-2。

表2-2　常用激光器及其通道分配表

激光器	常用通道分配
488nm蓝激光器	FSC、SSC、FITC、PE、PE-TxRed、PE-Cy5、PE-Cy7
635nm红激光器	APC、APC-Cy7
405nm紫激光器	Cascede Yellow、Cascede Blue/Pacfifc Blue
355nm紫外激光器	Hoechst/DAPI、PI

除了以上几种常用的激光器外,还有532nm的绿激光器,绿激光器激发PE和PE-Cy5荧光素的效果要好于常规的488nm蓝激光器。此外,

最新开发的还有560nm的黄激光器和610nm的橙激光器,这些激光器可以激发红荧光蛋白(red fluorescent protein)和Katusha等新的荧光素。

激光照射到样品流中的细胞后会产生散射光,如果细胞上结合有荧光素,而这种荧光素刚好可以被这种波长的激光激发,荧光素就会向四周发射荧光。流式细胞仪采集的光信号就包括散射光信号和荧光信号两种。散射光信号包括正对激光方向接收的前向角散射光(forward scatter,FSC)和与激光方向在同一个水平面并与激光成90°角的侧向角散射光(side scatter,SSC),如图2-2所示。荧光素向四周发射荧光,理论上各个方向上接收的荧光信号都应该是相同的,为了仪器设计方便,荧光信号在与激光方向同一个水平面并与激光束成90°角的方向被接收,即与SSC相同,如图2-2所示。

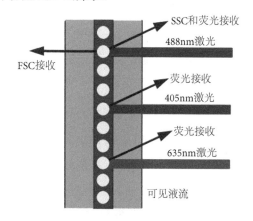

图2-2 光信号采集示意图

流式细胞仪在侧面90°角接收到的SSC和各荧光信号是混合在一起的,流式细胞仪需通过光路系统,根据波长的不同将SSC和来源于不同荧光素的荧光信号分开,由不同的接收通道接收,然后根据信号的强弱间接反映细胞的物理化学特性。

光路系统由一系列的透镜、滤光片和小孔组成,根据波长的不同分离各种光信号,其中滤光片最为重要。滤光片根据功能主要可以分为长通滤片、短通滤片和带通滤片3种,这3种滤光片的功能总结于表2-3中。光路系统就是利用滤光片的不同组合达到分离光信号的目的。

表2-3　滤光片功能表

滤光片种类	英文名称	功能
长通滤片	long pass filter	波长大于特定波长的光可以通过，波长小于该波长的光被反射
短通滤片	short pass filter	波长小于特定波长的光可以通过，波长大于该波长的光被反射
带通滤片	band pass filter	波长在某特定范围的光可以通过，波长在该范围以外的光被反射

1. 长通滤片

混合光射至长通滤片时，其中波长大于滤片特定波长的光可以自由通过，波长小于滤片波长的光将被反射。如混合光射至555nm的长通滤片时，混合光中波长大于555nm的光可以自由通过，波长小于555nm的光被反射。利用此长通滤片，以555nm为界，可将混合光分离成大于555nm和小于555nm的两部分。

2. 短通滤片

短通滤片刚好与长通滤片相反，当混合光射至短通滤片时，波长小于滤片特定波长的光可以自由通过，波长大于滤片波长的光被反射。如混合光射至605nm的短通滤片时，混合光中波长小于605nm的光可以自由通过，波长大于605nm的光被反射。利用此短通滤片，就可以605nm为界，将混合光分离成两部分。

3. 带通滤片

带通滤片相对特殊，混合光射至带通滤片时，波长在某特定范围的光可以自由通过，波长在该范围外的光将被反射。如488/10nm的带通滤片，前一个数值"488"表示波长范围的中间值，后一个数值"10"表示波长范围的跨度，所以混合光射至该带通滤片时，混合光中波长位于483~493nm的光可以自由通过，波长小于483nm或者大于493nm的光都将被反射。带通滤片一般被置于光路系统最靠近接收通道的位置，

如图2-3所示的光路系统中的蓝色滤片,它是混合光进入接收通道的
最后一个滤光片屏障,一般用于缩小进入通道的光信号的波长范围,
以提高进入通道的光信号的质量,减少混杂光信号的掺入。

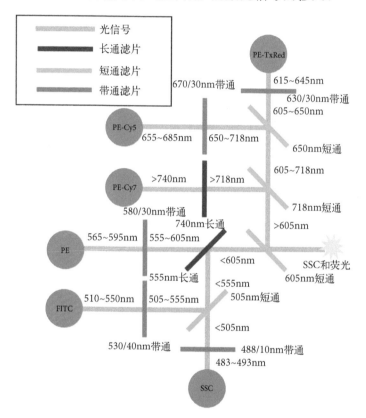

图2-3　488nm激光侧面接收光光信号分离示意图

图2-3所示的是某种型号的流式细胞仪根据波长不同,对488nm
激光照射到细胞后于同一平面90°角处接收到的光混合信号进行分
离的过程,利用不同类型的滤光片,将混合光信号分为6个不同的光
信号,进入6个不同的通道,分别为SSC通道、FITC通道、PE通道、PE-
TxRed通道、PE-Cy5通道和PE-Cy7通道。

如图2-3所示,混合光首先以45°角射至605nm短通滤片,混合光
内波长小于605nm的光信号,包括散射光信号、FITC或者PE荧光素发

射的荧光信号,不会受到此滤光片的影响,按照入射光方向直接通过该滤光片;而混合光内波长大于605nm的光信号,包括PE-TxRed、PE-Cy5或者PE-Cy7荧光素发射的荧光信号,就会以90°角反射。入射光方向内小于605nm的混合光仍以45°角射至555nm长通滤片,其中的波长在555~605nm的光信号,如PE荧光素发射的荧光信号,将以原入射方向直接通过此长通滤片,然后以90°角射至580/30nm带通滤片,其中波长在565~595nm的荧光信号以原入射方向直接通过此带通滤片进入PE通道。PE通道接收光光路分离总结见表2-4。

表2-4 PE通道接收光光路分离通路表

步骤	滤光片	经过滤片方式	经过滤片后光信号波长/nm
1	605nm短通滤片	直通	<605
2	555nm长通滤片	直通	555~605
3	580/30nm带通滤片	直通	565~595

图2-3中以45°角入射至555nm长通滤片的混合光中波长小于555nm的光信号,包括散射光信号或者FITC荧光素发射的荧光信号,会以90°角反射。小于555nm的混合反射光然后以45°角射至505nm短通滤片,其中小于505nm的光信号,如散射光信号,将以原入射方向直接通过此短通滤片,然后以90°角射至488/10nm带通滤片,其中波长在483~493nm的光信号就会以原入射方向直接通过此带通滤片进入SSC通道。SSC通道接收光光路分离总结见表2-5。

表2-5 SSC通道接收光光路分离通路表

步骤	滤光片	经过滤片方式	经过滤片后光信号波长/nm
1	605nm短通滤片	直通	<605
2	555nm长通滤片	反射	<555
3	505nm短通滤片	直通	<505
4	488/10nm带通滤片	直通	483~493

图2-3中以45°角入射至505nm短通滤片的混合光中波长大于505nm的光信号,如FITC荧光素发射的荧光信号,以90°角反射,然后以90°角入射至530/40nm带通滤片,其中的波长在510~550nm的光信号就会以原入射方向直接通过此带通滤片进入FITC通道。FITC通道接收光光路分离总结见表2-6。

表2-6　FITC通道接收光光路分离通路表

步骤	滤光片	经过滤片方式	经过滤片后光信号波长/nm
1	605nm短通滤片	直通	<605
2	555nm长通滤片	反射	<555
3	505nm短通滤片	反射	505~555
4	530/40nm带通滤片	直通	510~550

图2-3中最初的混合入射光中大于605nm的荧光信号,包括PE-TxRed、PE-Cy5或者PE-Cy7荧光素发射的荧光信号,以45°角射至605nm短通滤片后会以90°角反射,然后此反射的混合光以45°角入射至718nm短通滤片,其中大于718nm的荧光信号,如PE-Cy7荧光素发射的荧光信号,就会以90°角反射,然后以90°角入射至740nm长通滤片,其中波长大于740nm的荧光信号就会以原入射方向直接通过此长通滤片进入PE-Cy7通道。PE-Cy7通道接收光光路分离总结见表2-7。

表2-7　PE-Cy7通道接收光光路分离通路表

步骤	滤光片	经过滤片方式	经过滤片后光信号波长/nm
1	605nm短通滤片	反射	>605
2	718nm短通滤片	反射	>718
3	740nm长通滤片	直通	>740

图2-3中以45°角入射至718nm短通滤片的混合光中波长小于718nm的荧光信号,包括PE-TxRed或者PE-Cy5荧光素发射的荧光信号,将以原入射方向直接通过此短通滤片,然后以45°角入射至650nm短通

　　滤片,其中波长小于650nm的荧光信号,如PE-TxRed荧光素发射的荧
光信号,将以原入射方向直接通过此短通滤片,然后以90°角入射至
630/30nm带通滤片,其中的波长在615~645nm的光信号就会以原入射
方向直接通过此带通滤片进入PE-TxRed通道。PE-TxRed通道接收光
光路分离总结见表2-8。

表2-8　PE-TxRed通道接收光光路分离通路表

步骤	滤光片	经过滤片方式	经过滤片后光信号波长/nm
1	605nm短通滤片	反射	>605
2	718nm短通滤片	直通	605~718
3	650nm短通滤片	直通	605~650
4	630/30nm带通滤片	直通	615~645

　　图2-3中以45°角入射至650nm短通滤片的混合光中波长大于
650nm的荧光信号,如PE-Cy5荧光素发射的荧光信号,将会以90°角反
射,然后入射至670/30nm带通滤片,其中的波长在655~685nm的光信
号就会以原入射方向直接通过此带通滤片进入PE-Cy5通道。PE-Cy5
通道接收光光路分离总结见表2-9。

表2-9　PE-Cy5通道接收光光路分离通路表

步骤	滤光片	经过滤片方式	经过滤片后光信号波长/nm
1	605nm短通滤片	反射	>605
2	718nm短通滤片	直通	605~718
3	650nm短通滤片	反射	650~718
4	670/30nm带通滤片	直通	655~685

　　很多型号的流式细胞仪的光路系统不是固定的,而是具有很大灵
活性的,光路系统中的各种滤光片可以灵活移动并且可以按照实验需
要更换。图2-4A所示的是图2-3中488nm激光侧面接收光光信号分离

示意图的一部分,通过更换此部分的3个滤光片就可以改变通道的性质:首先将505nm短通滤片换成505nm长通滤片,使原来直接通过滤光片(直通)的光信号被反射,原来反射的光信号直接通过滤光片;然后将480/10nm和530/40nm 2个带通滤片互换位置,就可以使原来的SSC散射光通道变成FITC通道,原来的FITC通道变成SSC散射光通道,改变后的光路系统如图2-4B所示。

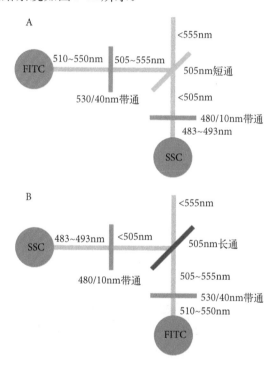

图2-4　流式细胞仪光路系统更改示意图

灵活的光路系统大幅度增加了流式细胞仪的应用范围。目前用于流式细胞术的荧光素种类非常多,只有少数几种荧光素发射波会重合,大部分荧光素发射波范围都不相同,如果流式细胞仪的光路系统是固定的,那么每一个通道接收的荧光信号的范围就会固定,会导致有限的几种荧光素才能满足该光路系统的使用条件。如图2-3所示的光路系统如果是固定的,就只能使用由488nm激光激发的发射波长在510~550nm(FITC通道)、565~595nm(PE通道)、615~645nm(PE-TxRed通道)、

655~685nm(PE-Cy5通道)或者大于740nm(PE-Cy7通道)的荧光素,而无法使用发射波长不在上述范围的荧光素,例如488nm激光激发发射波长在600~610nm的荧光素。但是,如果这台流式细胞仪的光路系统中的滤光片是可以更换的,就可以根据实验要求灵活地配置光路系统,增加流式细胞仪的应用范围,最大限度地满足实验需求。

流式操作者在使用流式细胞仪的过程中经常会发现,调节至最优状态的光路系统一段时间之后,某些通道接收光信号的效率会降低,这主要是因为光路系统中非固定的滤光片受到各种震动等的影响其位置会逐渐发生偏转,从而影响入射光的角度。如图2-3所示的光路系统中有5个滤光片与混合光呈45°角,在该光路系统中,只有当入射光与滤光片呈45°角时,入射光才会以90°角被反射,各种混合光和分离光在光路系统中才能精确地传递,最终进入各自的通道被接收器接收。如果滤光片发生偏转使入射光不能以45°角入射至滤光片,反射光与入射光就无法形成90°角,反射光偏离设计的路线,影响通道接收光信号的效率,若偏离角度太大,相关通道就可能完全接收不到光信号。当然,滤光片偏转不会影响直通的光线,不管入射光与滤光片呈多少角度,直通光都会按原入射方向直接通过滤光片。

操作者对流式细胞仪的光路系统了解透彻后就可以根据这个原则掌握光路中的滤光片位置与通道接收光信号效率之间的对应关系。以图2-3所示的光路系统为例,如果其中605nm短通滤片的位置发生偏转,直通光不受到影响,反射光会受到影响,所以SSC通道、FITC通道和PE通道接收光信号的效率不会受到影响,而PE-TxRed通道、PE-Cy5通道和PE-Cy7通道接收光信号的效率就会受到影响,当短通滤片偏转角度达到一定程度时,后述3个通道就可能完全接收不到光信号;同理,如果其中555nm长通滤片的位置发生偏转,将直接影响SSC通道和FITC通道,其他通道不会受到影响。需要注意的是,光路系统中有些滤光片的位置发生偏转会影响某个或者某几个通道接收光信号的效率,这些滤光片称为关键滤光片。图2-3所示的光路系统中的关键滤光片只有5个,就是与入射光呈45°角的那5个滤光片,图2-3中5个关键滤光片与通道接收光信号效率的对应关系见表2-10。图2-3中其余的6个滤光片,即与入射光呈90°角的滤光片,都不是关键滤光片,这6个滤光片的位置发生偏转不会影响通道接收光信号的效率,因为光路系统只需要接收入射至这些滤光片的混合光中的直通光,不需要接收其中的反射光,而滤光片发生偏转是不会影响直通光的,所以这6个滤光片与通道接收光信号的效率无关,不是关键滤光片。

表2-10　图2-3中光路系统关键滤光片与通道对应关系表

滤光片	对应的受影响的通道
605nm短通滤片	PE-TxRed通道、PE-Cy5通道和PE-Cy7通道
555nm长通滤片	SSC通道和FITC通道
505nm短通滤片	FITC通道
718nm短通滤片	PE-Cy7通道
650nm短通滤片	PE-Cy5通道

明确了流式细胞仪光路系统中关键滤光片与通道接收光信号效率的对应关系后,操作者就可以调整优化光路系统了。使用过程中如发现某个或者某些通道接收光信号的效率明显下降时,就可以根据关键滤光片与通道接收光信号效率的对应关系,确定是哪个或者哪些关键滤光片的位置发生了偏转。然后手动校对关键滤光片,边校对边观测相应通道接收光信号的效率,关键滤光片向最佳位置偏转时,对应通道接收光信号的效率会逐渐增高,反之,对应通道接收光信号的效率会越来越低,因此,很容易确定关键滤光片的最佳位置。以图2-3所示的光路系统为例,如果发现FITC通道接收光信号的效率明显下降,其他通道没有变化,根据关键滤光片对通道接收光信号效率的对应关系,很容易判断是其中的505nm短通滤片发生了偏转,只需手动调节505nm短通滤片的位置就可以了。

不同型号的流式细胞仪其光路系统不相同,即使是同一型号的流式细胞仪根据用户的不同要求,其光路系统也是可以灵活调整的。图

2-3介绍的光路系统是较为复杂的一种,流式操作者可以根据这个原理确定自己使用的流式细胞仪光路系统中的关键滤光片和这些关键滤光片与通道接收光信号效率之间的对应关系,从而随时调整优化流式细胞仪的光路系统。

405nm紫激光、635nm红激光和355nm紫外激光照射细胞后的荧光信号的光路分离与488nm激光相似,而且比488nm激光光信号的分离要简单得多,在此不再详述。

不同波长的激光器是在可见液流的不同的点照射细胞然后激发荧光信号(488nm激光器还包括FSC和SSC两个散射光信号)的,因此仪器也是在不同的点上接收不同波长激光器所激发的这些荧光信号(图2-2)。所以,不同波长激光器所激发的荧光信号是进入各自不同的光路分离系统,相互之间不会干扰。比如,PE-Cy5通道和APC通道接收的荧光信号的波长相互重叠,都是655~685nm,但是这两个通道却能够同时接收分析来源于各自荧光素的荧光信号,这就是因为前者的激发光来源于488nm的激光器,后者的激发光来源于635nm的激光器,它们的荧光信号进入各自不同的光路分离系统,所以能够同时接收分析。

2.3 检测分析系统

流式细胞仪的检测分析系统就是以通道为单位将细胞的各个通道的光信号汇总分析,最后得出样品群体中细胞的物理化学特征。要理解通道这个概念,就必须提到光电倍增管(photomultiplier tuber,PMT),通过滤光片根据波长的不同分离的光信号最后进入各自的通道,其实就是进入各自的光电倍增管。光电倍增管顾名思义,主要有两大作用:①将光信号转变为电子信号。流式细胞仪依靠计算机处理分析大量的信息,而计算机处理的信号必须是电子信号。②在将光信号转变为电子信号时,通过一定的比例将信号放大。流式细胞仪分析处理信息是以单个细胞为单位的,一个细胞的散射光和荧光信号均较弱,而且流式细胞仪在收集光信号时只是在一个方向上收集,并不是将所有的散射光和荧光信号集中后收集,所以如果不将信号放大,计算机可能无法有效分析这些电子信号。光电倍增管连接光路系统和计算机分析处理系统,起着关键的桥梁作用。

通道(channel)是流式细胞术中非常基本的重要概念,通道其实是和光电倍增管紧密联系在一起的,可以说流式细胞仪上有多少个光电倍增管,就有多少个通道,一个光电倍增管其实就是一个通道。

流式细胞仪的通道根据光信号性质的不同可以分为散射光通道和荧光通道。散射光通道是接收散射光的通道,就是前面提到过的前向角散射光(FSC)通道和侧向角散射光(SSC)通道,FSC通道和SSC通道各分配到一个光电倍增管。基本上所有的流式细胞仪都会有这两个通道,因为它们所描述的是细胞的两个非常基本和重要的物理信息,关于这两个指标的具体意义请参见第三章。荧光通道是接收细胞上结合的各荧光素所发射的荧光信号的通道,一个荧光通道也各自分配到一个光电倍增管。

荧光通道的命名主要有两种方式。

第一种是FL(fluorescence)加数字命名,见表2-11。通道顺序的一般原则是:① 如果有多个激光器,则光信号来源于488nm激光器的先排序,来源于紫外激光器或紫激光器的次之,最后为红激光器;② 光信号来源于同一个激光器的通道根据接收的荧光信号的波长从小到大排列。这种排序的原则只是推荐使用的,并非是强制的,用户可以根据自己的习惯给不同的荧光通道排序。

表2-11　某型号流式细胞仪荧光通道命名表

数字序号命名	通道主要荧光素命名	激光器	接收的荧光波长范围/nm
FL1	FITC	488nm激光器	510~550
FL2	PE	488nm激光器	565~595
FL3	PE-TxRed	488nm激光器	615~645
FL4	PE-Cy5	488nm激光器	655~685
FL5	PE-Cy7	488nm激光器	>740
FL6	Cascede Yellow	405nm紫激光器	510~550

续表

数字序号命名	通道主要荧光素命名	激光器	接收的荧光波长范围/nm
FL7	Cascede Blue/Pacific Blue	405nm紫激光器	417.5~482.5
FL8	APC	635nm红激光器	655~685
FL9	APC-Cy7	635nm红激光器	760~800

荧光通道第二种命名方式是该通道接收的荧光主要来源于哪个荧光素,就根据该荧光素的名称来命名。如常见的FITC通道,接收488nm激光激发的、波长在510~550nm的荧光信号,FITC荧光素被488nm激光激发后的荧光信号则刚好被该通道所接收,所以,当细胞被标记FITC偶联抗体时,该通道所代表的信号就是FITC的信号,该通道接收到的荧光信号越强,表示细胞上结合的FITC荧光素越多,为了方便记忆与理解,该通道被命名为FITC通道。同理,PE通道是接收PE荧光素被488nm激光激发后的荧光信号的通道。

比较荧光通道的这两种命名方式,第二种命名方式比第一种命名方式更加直观,更容易理解与记忆,也更易于交流。不同型号流式细胞仪荧光通道的数量不同,使用第一种命名方式在交流时比较混乱。如某型号流式细胞仪有4个荧光通道,根据一般原则,APC通道是FL4;而另一型号流式细胞仪有9个荧光通道,根据一般原则,FL4是PE-Cy5通道,APC通道是FL8;而且,有的用户不使用第一种命名方式的一般原则,而是根据自己的习惯来命名,这时就更加混乱了。因此,数字序号命名的通道与主要荧光素命名的通道并不是严格一一对应的,必须根据流式细胞仪的型号具体分析,FL4通道并不一定是PE-Cy5通道,也可能是APC通道。

此外,以主要荧光素命名的通道并不是只接收这一种荧光素被激发后的荧光信号,其他的荧光素被激发后的荧光信号也可能被该通道所接收和分析,该通道的信号值并不一定总是只反映这一种荧光素。如FITC通道,它也可以接收GFP(green fluorescence protein,绿色荧光蛋白)和CFSE被488nm激光激发后的荧光信号,所以FITC、GFP和CFSE

这3种荧光素原则上不能同时标记一个样品,否则,就无法分析该通道上的信号是来自于哪种荧光素。当然,这只是一般原则,在某些特殊情况下,也可以同时标记,如不同的荧光素标记不同的细胞群体,而这些细胞群体可以通过其他方法有效区分时,就可以同时标记;或者不同的荧光素发射的荧光信号的强弱相差很大,在流式图上可以完全区分时,也可以同时标记。

散射光信号和荧光信号经光电倍增管转变为电子信号时是以电子脉冲或者说电子波的形式被计算机系统接收和分析的。如图2-5所示,电子波之间比较大小主要有3种方式,即电子波的长度H(height)、宽度W(width)和面积A(area)。一般来说,电子波的这3个参数中的任何一个都足以间接的反映该电子波的大小,从而反映其所代表的光信号的大小。也就是说,越强的光信号以相同的倍数转成电子信号时,其H、W和A都越大。但是相比较而言,用参数A代表电子波的大小要比参数W和H更加准确。在实际流式检测过程中,操作者能够发现在通道名称后面还有一个字母,比如"FSC-A",这就表示流式细胞仪是用电子脉冲的面积来代表电子脉冲的大小的,目前多数流式细胞仪在默认情况下都是用面积来表示大小的,当然也有可能出现"FSC-H"或者"FSC-W"这种情况。有些型号的流式细胞仪能够让操作者选择是用电子脉冲的面积、长度或者宽度来表示大小,一般情况下,推荐使用面积A来表示

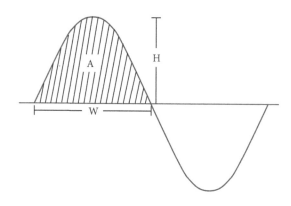

图2-5　流式通道的A、H和W的意义

大小。但是在某些特殊情况下,需要利用长度或者宽度来表示大小,比如PI染色检测细胞DNA时,需要在FL2-W-FL2-A流式散点图中将粘连的细胞去除后再分析DNA含量。

检测分析系统的另一个重要组成部分是计算机分析系统,计算机分析系统通过特定的软件实时反映收集到的信息,并且控制流式细胞仪的工作,用户也是通过计算机系统操控流式细胞仪,并且分析采集到的信息。每种型号的流式细胞仪都有相应的软件来操控与分析,软件虽然千差万别,但基本内容是相似的,一般操作比较简单,软件操控方面的相关注意事项与技巧将在第四章具体介绍,在此不再详述。

2.4 分选系统

分析型流式细胞仪主要由以上3个主要系统组成,分选型流式细胞仪比分析型流式细胞仪多一个系统,就是分选系统。样品细胞经分析型流式细胞仪分析后最后流到废液桶内,不再回收;而分选型流式细胞仪能够从样品细胞中分离出目标细胞,回收后可以再培养,即分选后得到的细胞是具有活性的、无菌条件下的细胞,可以进行下一步的功能试验。

分选系统位于可见液流部分,主要是对可见液流的操作。分选型流式细胞仪在喷嘴部位多了一个高速振荡器,在分选过程中使喷嘴高速振荡,目前先进的分选型流式细胞仪振荡速度可以达到10万/s。喷嘴高速振荡,带动从喷嘴流出的可见液流高速振荡,从而使可见液流在下段形成互相独立的液滴,而不是连续的液流,如图2-6所示。这与分析型流式细胞仪的可见液流明显不同,分析型流式细胞仪的可见液流中鞘液流和样品流相对独立,是层流关系,而分选型流式细胞仪的可见液流因为振荡的原因,鞘液流与样品流相互混合,在可见液流下段形成的液滴由鞘液和样品液相互混合而成,振荡振幅越大,断点位置就越高。因为细胞分选后需要再培养或者进行后续功能试验,所以要保证鞘液的渗透压是等渗的,并且是无菌的。

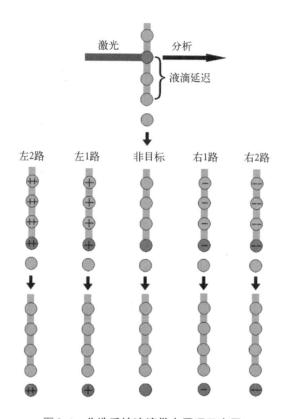

图2-6 分选系统液滴带电原理示意图

振荡的可见液流上段是连续的液滴,下段是独立的液滴,激光照射点位于上段的连续液滴。如图2-6所示,当液滴位于激光照射点时,仪器收集该点内细胞的散射光信号和荧光信号,经过后台的检测分析系统,分析该液滴内的细胞是否为目标细胞,然后判断该液滴是否需要被分选。如果是多路分选,就是一次同时分选多种目标细胞,图中为4路分选,即一次可以同时分选出4种不同的目标细胞,检测分析系统也同时判断该液滴内的目标细胞是属于哪一路的,是左2路的、左1路的、右1路的还是右2路的。如图2-6所示,当该液滴到达可见液流的当断未断处时,就是该液滴此时还与上面的液流相连,而下一刻马上要从相连的液流上断离形成新的独立液滴时,系统根据对该液滴的判断对上段的液流做出相应的处理:① 如果该液滴内的细胞是左2路分选的目标细胞,则系统给上段液流施加双份的正相电流;② 如果该液滴内的细胞是左1路分选的目标细胞,则系统给上段液流施加单份的正相电流;③ 如果该液滴内的细胞不是目标细胞,则系统不做处理;④ 如果该液滴内的细胞是右1路分选的目标细胞,则系统给上段液流施加单份的负相电流;⑤ 如果该液滴内的细胞是右2路分选的目标细胞,则系统给上段液流施加双份的负相电流。然后,该液滴从上段连续的液流中分离,形成独立的液滴,如果系统刚才给上段液流施加电流,此时形成的独立液滴就会带上相应的电荷。最后系统终止对上段连续液流的相应处理。

上述过程周而复始地进行,即当液滴到达激光照射点时,判断该液滴内的细胞是否是目标细胞以及属于哪一路分选的目标细胞。当细胞到达断点时,根据判断结果系统对上段液流做出相应处理,当液滴成为新的独立液滴时就能保留该处理(带电),系统停止对上段液流的处理,然后对下一个液滴做出相应处理。所以,每当新的独立液滴形成时,都保留有系统对该液滴的相应处理。如果液滴不需要分选,液滴不带电;如果液滴需要分选,液滴就带有相应电量的正相电荷或者负相电荷。因此下段独立的液滴都是带有相应处理的液滴,如图2-7所示。

然后带有相应处理的独立液滴进入到位于可见液流下段的由高电压形成的强电场中,有些型号的流式细胞仪的高电压可以达到6000V,带有电荷的独立液滴就会在强电场中发生偏转,带有不同性质电荷的液滴分别向相反方向偏转,带有双份电荷的液滴偏转得远一些,带有单份电荷的液滴偏转得近一些,从而分别进入不同的收集管中,实现4路分选。不带电荷的独立液滴不发生偏转,直接由废液孔进入废液收集系统,如图2-7所示。多数分选型流式细胞仪的用于形成强电场的电压强度和各路偏转的角度都不是固定的,是可以调节的,对偏转角度的调节是通过改变对液滴所施加电荷的多少实现的。调节偏转角度使各路目标细胞进入相应的收集管中是分选型流式细胞仪分选前仪器调节的重要内容之一。给液滴带电以及液滴进入强电场对液滴内的细胞来说都是一个刺激,对细胞的活性肯定有一定的影响,所以为了尽量将这种影响降到最低,调节的原则是在保证偏转的液滴能够进入各自的接收管的前提下,尽量降低电压的大小和偏转的角度。

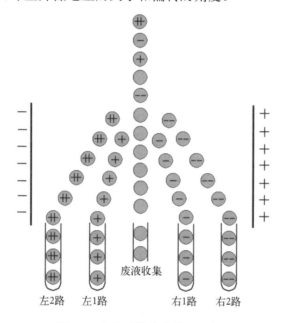

图2-7　分选系统分选原理示意图

综上所述,分选型流式细胞仪的分选原理就是通过分析检测细胞,判断液滴是否需要分选,然后在该液滴成为独立液滴时做出相应处理,使其带上相应电量的电荷,带有电荷的独立液滴在强电场中发生偏移,进入到相应的收集管中,从而实现流式分选。

当细胞到达激光照射点时,分选型流式细胞仪根据接收到的该细胞的散射光信号和荧光信号判断该细胞是否是目标细胞,同时确定对该细胞所在的液滴应该做出的相应处理,但是这种处理并不能立刻施加到该液滴上,必须等到该液滴到达可见液流的断点处,处于当断未断时,才能施加这种处理,这个过程中就产生了一个延迟,即液滴延迟(dropdelay)。液滴延迟就是流式分选时可见液流的激光照射点到达断点的距离,如图2-8A所示。分选型流式细胞仪能够根据液滴延迟的大小计算得到液滴从激光照射点到达断点需要经历的时间(记为Td)。流式分选时,先确定激光照射点所在的液滴(记为液滴A)需要进行的处

35

理，暂时不处理，先计时，经过Td这段时间之后，马上施加相应处理，这时系统的处理就刚好能够施加到此时到达断点的液滴A上。

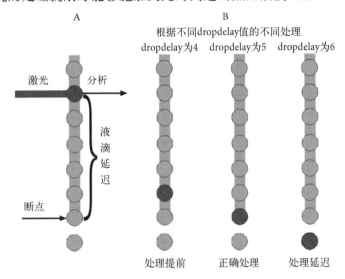

图2-8　流式分选液滴延迟意义示意图

　　操作者必须高度重视液滴延迟的设定过程，只有正确设定了液滴延迟的大小，分选的过程才会准确，可以说液滴延迟的设定是流式分选仪器调节的最重要的步骤。如图2-8A所示，如果设两个液滴之间的距离为1，此次流式分选时实际的液滴延迟为5，仪器根据接收到的红色液滴内细胞的散射光信号和荧光信号确定的对该红色液滴的处理记为"处理红"。如果设定的液滴延迟为4，分选过程如图2-8B的左图所示，当红色液滴还未到达断点时，仪器就施加了"处理红"，本来应该施加到红色液滴上的处理施加到了红色液滴前面的一个液滴，处理提前了；如果设定的液滴延迟为5，分选过程如图2-8B的中图所示，当红色液滴刚好到达断点时，仪器就施加了"处理红"，红色液滴就能够在成为独立液滴后保留这个处理并进入后续强电场中，处理正确；如果设定的液滴延迟为6，分选过程如图2-8B的右图所示，当红色液滴已经成为独立液滴时，仪器才施加"处理红"，本来应该施加到红色液滴上的处理施加到了红色液滴后面的一个液滴，处理延迟了。无论是处理提前还是处

理延迟,仪器的处理都没有施加到正确的液滴上,分选得到的细胞并不
是目标细胞,分选都是失败的。所以,流式分选时必须正确设定液滴延
迟的值,使它的大小刚好与实际液滴延迟的大小相符,这样才能保证仪
器施加处理和分选细胞的准确性。

　　液滴延迟是可见液流中激光照射点到断点的距离,激光照射点的
位置一般不会变化,但是断点的位置变化较大。分选型流式细胞仪喷
嘴部位的高速振动形成断点,振动的振幅越大,断点越高,液滴延迟就
越小;反之,振动的振幅越小,断点越低,液滴延迟就越大。液滴延迟
并不是一个固定值,而是动态变化的,振幅、喷嘴和液流所受的正压、温
度等都会影响可见液流断点的位置。分选型流式细胞仪不能自动检测
可见液流中液滴延迟的大小,它的大小是由操作者在流式分选前调试
仪器的过程中设定。流式分选时,仪器根据这个设定值进行分选。不
同型号的流式细胞仪液滴延迟的设定方法差别很大,具体设定的方法
请读者参考相关仪器说明书。

参考文献

Bogh LD, Duling TA. 1993. Flow cytometry instrumentation in research and clinical laboratories. Clin Lab Sci, 6(3): 167-173

Chapman GV. 2000. Instrumentation for flow cytometry. J Immunol Methods, 243(1-2): 3-12

Chattopadhyay PK, Hogerkorp CM, Roederer M. 2008. A chromatic explosion: the development and future of multiparameter flow cytometry. Immunology, 125(4): 441-449

Givan AL. 2001. Principles of flow cytometry: an overview. Methods Cell Biol, 63: 19-50

Givan AL. 2004. Flow cytometry: an introduction. Methods Mol Biol, 263: 1-32

Haynes JL. 1988. Principles of flow cytometry. Cytometry Suppl, 3: 7-17

Ibrahim SF, van den Engh G. 2007. Flow cytometry and cell sorting. Adv Biochem Eng Biotechnol, 106: 19-39

Jaroszeski MJ, Radcliff G. 1999. Fundamentals of flow cytometry. Mol Biotechnol, 11(1): 37-53

Kapoor V, Karpov V, Linton C, et al. 2008. Solid state yellow and orange lasers for flow cytometry. Cytometry A, 73: 570-577

Kapoor V, Subach FV, Kozlov VG, et al. 2007. New lasers for flow cytometry: filling the gaps. Nat Methods, 4: 678-679

Mandy FF, Bergeron M, Minkus T. 1995. Principles of flow cytometry. Transfus Sci, 16(4): 303-314

Nunez R. 2001. Flow cytometry: principles and instrumentation. Curr Issues Mol Biol, 3(2): 39-45

Perfetto SP, Roederer M. 2007. Increased immunofluorescence sensitivity using 532 nm laser excitation. Cytometry A, 71: 73-79

Radcliff G, Jaroszeski MJ. 1998. Basics of flow cytometry. Methods Mol Biol, 91: 1-24

Snow C. 2004. Flow cytometer electronics. Cytometry A, 57(2): 63-69

Telford W, Kapoor V, Jackson J, et al. 2006. Violet laser diodes in flow cytometry: an update. Cytometry A, 69: 1153-1160

van den Engh G, Stokdijk W. 1989. Parallel processing data acquisition system for multilaser flow cytometry and cell sorting. Cytometry, 10(3): 282-293

流　式　图

　　流式细胞仪分析分选细胞都是高速的,目前流式细胞仪一般都能达到每秒上万细胞的分析分选速度,每个被分析的细胞都能得到几方面的信息,最基本的有FSC值和SSC值,如果同时标记有荧光素偶联抗体,就会再加上几个荧光通道的信息,如样品细胞标记有4种荧光素偶联抗体时,每个细胞就含有6个通道的信息值,1s如果分析1万个细胞,那么1s就有6万个信息需要存储和分析。流式细胞仪如何显示如此大量的信息,如何才能既全面又直观地让用户掌握这些信息呢? 就是采用流式图的方式显示这些大量的信息。

　　流式图有很多种,最常用的是流式直方图和流式散点图,还有流式等高线图。流式直方图只能显示一个通道的信息,流式散点图和流式等高线图可以同时显示2个通道的信息。

3.1 流式通道

流式通道的概念在第二章中已经具体介绍,本节主要介绍流式通道的意义及结果表示方式。

流式通道主要可以分为散射光通道和荧光通道:散射光通道有两个,包括FSC通道和SSC通道,一般所有的流式细胞仪均有这2个散射光通道;不同型号的流式细胞仪其荧光通道的多少差异较大,有的甚至没有荧光通道。

FSC,即前向角散射,它的值代表细胞的大小。细胞体积越大,其FSC值就越大。所以可以利用细胞的FSC值初步比较细胞的大小,利用FSC值对细胞进行分群和分类。

SSC,即侧向角散射,它的值代表细胞的颗粒度(granularity)。细胞越不规则,细胞表面的突起越多,细胞内能够引起激光散射的细胞器或者颗粒性物质越多,其SSC值就越大。所以可以利用细胞的SSC值初步比较细胞的颗粒度,利用SSC值对细胞进行分群和分类。

一般在研究细胞样品时,首先关注的就是样品中细胞的FSC-SSC散点图,x轴代表FSC值,y轴代表SSC值,将细胞都显示于该散点图中,可以初步根据细胞的大小和颗粒度对细胞进行分群和分类。样品细胞不需要标记任何荧光素偶联抗体,直接上样分析就可以得到样品细胞的FSC值和SSC值,其值代表的是细胞的大小和颗粒度这两个基本的物理特征,所以样品的FSC-SSC散点图又称为样品细胞的"物理图"。

荧光通道表示的不是细胞特有的物理特征,而是其化学特征。如需要检测样品中是否有细胞表达某一CD分子,则需要标记荧光素偶联的该CD分子的抗体,表达有该CD分子的细胞就会结合荧光素偶联抗体,其中的荧光素被相应的激光激发后产生荧光,该荧光信号通过光路系统被相应的荧光通道接收,就能得到该样品中是否有细胞表达该CD分子,以及有多少比例的细胞表达该CD分子等信息。荧光通道接收到的信号越强,表示细胞上结合的荧光素越多,那么细胞表面表达的该CD分子就越多,因此可根据荧光信号的强弱判断细胞表达该CD分子的相对数量。总之,荧光通道值反映接收到的荧光信号的强弱,从而反映细胞上结合的荧光素的量,进一步反映细胞上表达该CD分子的量,最后间接反映细胞表达某CD分子这一化学特征。

不同细胞群的FSC值和SSC值最多相差几倍,而荧光信号强弱之间一般相差很大,阴性细胞与阳性细胞之间、强阳性与弱阳性之间有时可以相差几十倍、几百倍,甚至几千倍,呈指数关系。所以,流式图数轴上FSC值和SSC值以"一般数序形式"表示,而荧光通道值常以"对数形式"(logarithmic scale)表示,在识图时需要注意数轴的表示形式。

当然,并不是所有的荧光通道值都以"对数形式"表示,当荧光信号值相差不多时,也可以"一般数序形式"表示,如PI染色检测细胞内DNA含量以及Hoechst33342染色分析和分选侧群干细胞时,均以"一般数序形式"表示。

3.2　流式直方图

流式直方图形成的原理与统计学中的直方图相似,是在统计学直方图的基础上进一步发展而成的。流式直方图的x轴表示一个通道的值,y轴表示细胞数量。为了比较直观地理解流式直方图显示信息的原理与意义,以下用最简单的数据作图为例,设定100个样品细胞的FSC通道值,统计这100个FSC通道值在10个区间的分布,然后做直方图,设定的FSC通道值分布见表3-1。

表3-1　设定的100个样品细胞的FSC值分布表

FSC通道值区间	位于该区间的细胞数
10~20	6
20~30	14
30~40	22
40~50	14
50~60	6
60~70	0
70~80	0

续表

FSC通道值区间	位于该区间的细胞数
80~90	9
90~100	20
100~110	9

　　根据表3-1的数据作统计直方图,如图3-1所示,图中的x轴表示该样品细胞的FSC通道值,可人为将其分为10个区间,y轴表示这100个样品细胞中FSC通道值位于各区间的细胞数。从这100个细胞的FSC直方示意图中可以看出,根据细胞FSC通道值的大小,即根据细胞的体积大小,可以将细胞分为两群:第一群细胞的FSC通道值平均在35左右,占62%;第二群细胞的FSC通道值平均在95左右,占38%。所以根据此图可以得出初步结论,这100个样品细胞是由细胞大小明显不同的两群细胞组成的,小细胞占多数。

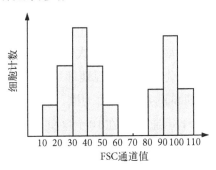

图3-1　流式直方图形成原理示意图

　　流式直方图虽不是如此简单,但是基本原理是相同的。流式直方图是在此统计直方图的基础上,使统计区间不断地缩小,缩小到甚至可以认为一个值就是一个统计区间,而统计的细胞数量不断地增加,增加到以万计,甚至以十万计时,相邻的小统计区间内的细胞数相差不多,这时的直方图好像是由光滑的曲线所围成的。其实,这只是直方图统计的细胞数达到一定量时视觉上的一个假象,这个由光滑的曲线围成的流式直方图实际上是由无数个非常小的统计区间组成的。

为了方便理解,可以认为x轴上的一个点就是一个统计区间,而曲线上该点对应的y轴值就是x轴代表的通道的荧光信号值对应的细胞数。这时,统计细胞群体比例时可以通过计算曲线下所围的面积的比例来表示。

图3-2所示的是累积显示不同样品细胞总数的流式直方图。样品细胞是正常小鼠的脾脏细胞,标记FITC偶联的抗CD4抗体,在FSC-SSC散点图中将淋巴细胞群设门显示于FITC-CD4直方图中。图3-2A为累积显示50个细胞的直方图,图形与图3-1所示的统计直方图较为类似,根据FITC信号的强弱大致可以分为两群。图3-2B为累积显示100个细胞的直方图,显示的细胞数依旧太少,图形还是与统计直方图较为接近。图3-2C为累积显示500个细胞的直方图,随着显示细胞数的增加,细胞分群也更加明显。图3-2D为累积显示1000个细胞的直方图,图形虽然还有统计直方图的影子,但是FITC信号值相邻的细胞数落差已经趋于平缓,随着显示细胞数的进一步增加,如图3-2E(10 000个)和图3-2F(100 000个)所示,图形曲线逐渐形成,细胞分群也更加明显,细胞主要分为CD4阳性和

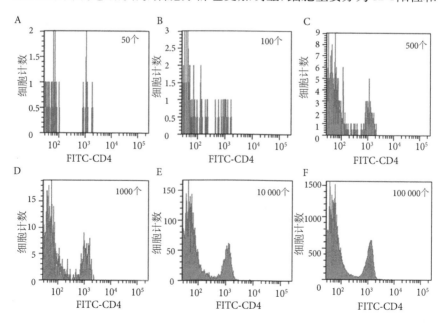

图3-2 显示不同总数的直方图

CD4阴性两群细胞,各自图形曲线下所围的面积占总面积的比例就是这两群细胞各自的比例,其中CD4阳性细胞群占32.5%。

需要注意的是,图3-2所示的流式直方图*x*轴表示的是FITC通道值,*x*轴是以"对数形式"表示的,从图中可以看出,阴性细胞群的平均荧光强度小于100,而阳性细胞群的平均荧光强度大于1000,所以阳性细胞群的荧光强度至少是阴性细胞群的10倍。

综上所述,流式直方图本质上就是统计直方图,是累积显示细胞量非常大而统计区间又非常小的统计直方图。

在这里我们需要指出的是,性质相同的一个细胞群在流式直方图中是以正态分布曲线的形式出现的,如图3-2F中的CD4阳性细胞群所示。但是,这并不表示这群CD4阳性细胞之间表达CD4这一抗原的量有差异,实际上它们CD4抗原表达量都是相同的。其原因是流式检测值与实现值之间存在着一定的误差,比如流式检测时,被检测的细胞的形状因为各种原因发生变化,表面积小的一侧正对激光,如图3-3B所示,此时流式检测值则要小于实际值;相反,如图3-3C所示,表面积大的一侧正对激光,则此时流式检测值则要大于实际值。在大样本条件下,检测值与实际值相符或者偏离实际值越小的概率越大,而检测值偏离实际值越大的概率则越小,反映在流式直方图上就表现为正态分布的图形。

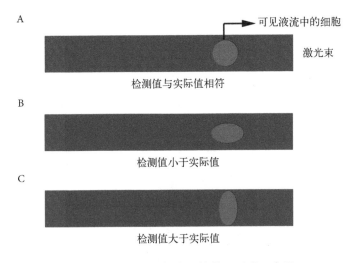

图3-3　仪器检测值与实际值差异形成示意图

理解了这一点,我们就不难推导出其实这一结论的反命题也是成立的,也就是说,在流式直方图上表现为典型的正态分布的细胞群,其表达相对应的抗原的量都是相同的。这一推论在实际流式检测中其实更加重要和实用,因为在多数情况下,在检测前我们并不清楚目标细胞群表达某一抗原是否存在着差异,是否有强弱之分,而通过观察流式直方图中目标细胞群的相对应的图形我们就能够大致判断:如果呈现典型的正态分布,说明基本没有差异;否则说明有差异。

3.3 流式散点图

一个流式直方图只能表示一个通道的信息,而一个流式散点图能够同时表示两个通道的信息。流式散点图也是采取坐标轴的方式,x轴表示一个通道的值,y轴表示另一个通道的值,图中每一点代表一个细胞,该点所对应的横坐标值就是该点所代表细胞的x轴通道的值,所对应的纵坐标值就是该点所代表细胞的y轴通道的值。

与流式直方图相比,流式散点图能够同时表示两个通道的值,能够更加直观地表示细胞的信息,所以流式散点图更加直观和常用。虽然,两张流式直方图也可以表示两个通道的信息,但是两张流式直方图不能表示细胞这两个通道值之间的相互关系,如不能直观地表示其中一个通道值低的细胞其另一个通道值是高还是低,而在流式散点图中却可以非常直观地发现细胞群体中这两个通道值的相互高低关系,从而更易于细胞分群、分类,以及确定比例关系等。

图3-4所示的是某正常人外周血白细胞FSC-SSC散点图。FSC代表细胞的大小,SSC代表细胞的颗粒度,从图中可以看出,根据细胞的大小和颗粒度,正常人外周血白细胞可以分为3群。进一步研究发现:小细胞、小颗粒度的红色细胞群是淋巴细胞群,T细胞、B细胞和NK细胞都位于此淋巴细胞群;中细胞、中颗粒度的绿色细胞群是单核细胞群;大细胞、大颗粒度的黄色细胞群是中性粒细胞群。

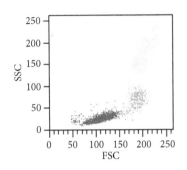

图3-4　正常人外周血白细胞散点图

　　一般在流式分析过程中,先利用FSC-SSC物理图根据细胞的大小和颗粒度将细胞进行分群,然后根据目标细胞处于哪个群体,再将该群体细胞设门(set gate),进一步分析该群体中的目标细胞。

　　门(gate)是流式分析过程中一个较为重要的概念,流式分析时有时不希望所有的样品细胞都显示于流式图中,而是希望只显示感兴趣的细胞,排除其他非相关细胞的干扰,使显示的信息更加直观,更具有针对性。例如,分析CD25阳性调节性T细胞占CD4 T细胞的比例,样品细胞是小鼠脾脏单个核细胞,此时可以根据CD4的表达情况,将CD4 T细胞设门显示于一个新的流式图中,那么该流式图只显示所设门内的细胞,即只显示CD4 T细胞,其他无关细胞不会被显示。在相应散点图中x轴代表CD4信息,y轴代表CD25信息,这样就可以非常直观地计算出调节性T细胞的比例。

　　图3-5所示的是正常C57BL/6小鼠的脾脏淋巴细胞分群的流式散点图。

　　图3-5A是所有脾脏单个核细胞的FSC-SSC散点图,设门淋巴细胞群显示于图3-5B和图3-5D所示的散点图中。图3-5B所示的是脾脏淋巴细胞的CD3-CD19散点图,从图中可以看出,脾脏淋巴细胞主要包括CD3$^+$CD19$^-$T淋巴细胞和CD3$^-$CD19$^+$B淋巴细胞两群细胞,分别占总淋巴细胞的36.4%和58.3%,脾脏中的B细胞要多于T细胞。图3-5C所示的是将图3-5B中的B细胞设门后显示的CD19-CD5散点图,CD5$^+$ B1 B细胞占所有脾脏B细胞的7.5%,说明小鼠脾脏中的B细胞绝大多数是经典的CD5$^-$ B2 B细胞。图3-5D所示的是脾脏淋巴细胞的CD3-NK1.1散

点图,主要可以分为CD3⁺NK1.1⁻T细胞、CD3⁻NK1.1⁺NK细胞和CD3⁻
NK1.1⁻B淋巴细胞,脾脏淋巴细胞中的NK细胞比例较低,只占3.5%。
图3-5E所示的是将图3-5B中的T细胞设门后显示的CD4-CD8散点图,
从图中可以看出,CD4 T细胞和CD8 T细胞分别占55.6%和40.2%,脾脏
中的T细胞以CD4 T细胞为主。图3-5F所示的是将图3-4E中的CD4 T
细胞设门后显示的CD4-CD25散点图,CD25⁺调节性T细胞占所有CD4
T细胞的15.8%,说明在正常情况下脾脏中调节性T细胞的比例较低。

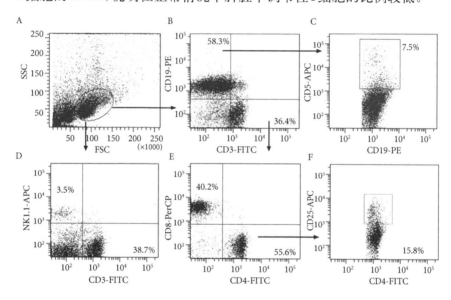

图3-5 正常小鼠脾脏淋巴细胞分群流式散点图

通过对以上流式散点图的分析,让我们对正常小鼠脾脏淋巴细胞
分群有了大致的了解。从这个实例也可以看出,流式散点图比流式直
方图显示更多的信息。

一个流式直方图只显示一个通道的值,性质相同的细胞群在其中
表现为典型的正态分布图形,而一个流式散点图则能同时显示两个通
道的值,此时散点图所代表的两个参数性质都相同的细胞群在流式散
点图中则表现为散射状的圆形图,圆心位置所代表的就是这群细胞这
两个参数的实际值,越靠近圆心位置的细胞越多,越远离圆心位置的细
胞越少,呈现以圆心为中心的放射状分布,如图3-5E中的CD8 T细胞群

所示。需要指出的是,在这个代表性质相同的细胞群的圆内,所有的点代表的细胞这2个参数值都是相同的,如图3-5E中的CD8 T细胞群中的点所代表的所有细胞其CD4抗原和CD8抗原的表达量都是相同的,并不是说位于右侧的点其CD4抗原表达量要高于位于左侧的点,也不是说位于上侧的点其CD8抗原表达量要高于位于下侧的点,很可能位于右侧的点所代表的细胞在下次检测时将位于左侧,也很有可能位于上侧的点所代表的细胞在下次检测时将位于下侧。理解这一点将有助于对流式分选设门原则的理解和掌握,这部分内容将在第四章中详细阐述。

同理,其反命题也是成立的,在流式散点图中,呈典型放射状分布的圆形所代表的是性质相同的细胞群,呈长条形或者椭圆形的则表示该细胞群其中一个参数所代表的化学性质不相同,很可能存在着表达上的强弱差异。但是,在这里需要指出的是,通过流式散点图判断细胞群某一性质是否存在差异不如通过流式直方图判断准确,因为,流式散点图中的细胞群的形状受影响的因素有很多,不仅表达强弱差异会影响,通道之间的荧光补偿调节也会直接影响细胞群的形状,从而使原来典型放射状分布的圆形变成长条形,所以流式分析时需要综合考虑这些因素,不要武断地下判断。

3.4 流式等高线图

流式等高线图与流式散点图相似,一张流式等高线图也能同时显示两个通道的信息,所不同的是,它借助地理等高线图的形式。地理等高线图用封闭的环线代表海拔高度相同的地方,环线聚集越多,表示海拔高度变化越快,环线的中央区域表示海拔最高或者最低的区域。流式等高线图借助地理等高线图表示细胞的密集程度,流式等高线图的环线代表的是细胞密度相同的区域,所以,环线聚集越多的地方表示此区域细胞密度变化越快,细胞最稀疏的地方还是用散点表示,环线的中央区域代表细胞聚集的中心。

流式等高线图的意义和实际应用与流式散点图较为相似,可以看作是流式散点图的一个变体。相比之下,流式散点图更为直观,所以应用也更为广泛。当然,流式等高线图也有其自身的优点,它较能直观地体现细胞群的集中点,等密度环线的中央区域代表一个细胞群的集中点,一般代表一个细胞群,所以在某些情况下,流式等高线图比流式散点图更能直观地体现细胞的分群。

图3-6显示的是正常C57BL/6小鼠脾脏淋巴细胞分群的流式等高线图。图3-6A是所有脾脏单个核细胞的FSC-SSC等高线图,设门淋巴细胞群显示于图3-6B和图3-6D所示的等高线图中。图3-6B显示的是脾脏淋巴细胞的CD3-CD19等高线图,从图中可以看出,脾脏淋巴细胞主要分为CD3$^+$CD19$^-$ T淋巴细胞和CD3$^-$CD19$^+$ B淋巴细胞,分别占总淋巴细胞的36.4%和58.3%,脾脏中的B细胞多于T细胞。图3-6C所示的是将图3-6B中的B细胞设门后显示的CD19-CD5等高线图,从图中可以看出,CD5$^+$ B1 B细胞占所有脾脏B细胞的7.5%,说明小鼠脾脏中的B细胞以经典的CD5$^-$ B2 B细胞为主。图3-6D显示的是脾脏淋巴细胞的CD3-NK1.1等高线图,主要可以分为CD3$^+$NK1.1$^-$ T细胞、CD3$^-$NK1.1$^+$ NK细胞和CD3$^-$NK1.1$^-$ B淋巴细胞,脾脏淋巴细胞中的NK细胞比例较低,只

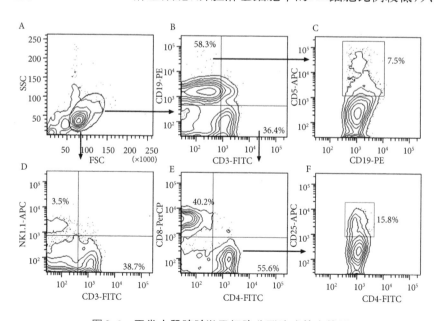

图3-6 正常小鼠脾脏淋巴细胞分群流式等高线图

占3.5%。图3-6E所示的是将图3-6B中的T细胞设门后显示的CD4-CD8等高线图,从图中可以看出,CD4 T细胞和CD8 T细胞分别占55.6%和40.2%,脾脏中的T细胞以CD4 T细胞为主。图3-6F所示的是将图3-6E中的CD4 T细胞设门后显示的CD4-CD25等高线图,CD25+调节性T细胞占所有CD4 T细胞的15.8%,说明正常小鼠脾脏中调节性T细胞的比例不高。

图3-6和图3-5的内容、方法和意义等都相同,只是采取不同的流式图表示流式结果,图3-6采用的是流式等高线图,而图3-5采用的是流式散点图。读者可以进一步比较图3-5和图3-6,以便更加深入地了解流式散点图和流式等高线图在表示流式结果时的优缺点。

参考文献

Brunk CF, Bohman RE, Brunk CA. 1982. Conversion of linear histogram flow cytometry data to a logarithmic display. Cytometry, 3(2): 138-141

Bryant TN. 1999. Presenting graphical information. Pediatr Allergy Immunol, 10(1): 4-13

Chattopadhyay PK, Hogerkorp CM, Roederer M. 2008. A chromatic explosion: the development and future of multiparameter flow cytometry. Immunology, 125(4): 441-449

Herzenberg LA, Tung J, Moore WA, et al. 2006. Interpreting flow cytometry data: a guide for the perplexed. Nat Immunol, 7: 681-685

Jaroszeski MJ, Radcliff G. 1999. Fundamentals of flow cytometry. Mol Biotechnol, 11(1): 37-53

Novo D, Wood J. 2008. Flow cytometry histograms: transformations, resolution, and display. Cytometry A, 73: 685-692

Radcliff G, Jaroszeski MJ. 1998. Basics of flow cytometry. Methods Mol Biol, 91: 1-24

Roederer M, Darzynkiewicz Z, Parks DR. 2004. Guidelines for the presentation of flow cytometric data. Methods Cell Biol, 75: 241-256

Wood JCS. 2004. Techniques to compress the scale of flow cytometry data: benefits, artifacts and solutions. Cytometry A, 59A: 88

流式细胞术的
基本操作与技巧

　　本章将具体介绍流式分析和流式分选的基本操作方法和操作过程中的技巧,包括样品细胞的制备方法、荧光素偶联抗体及其标记方法、光电倍增管电压设定、对照和补偿的设置方法、阈值设定方法、死细胞的排除方法、分选模式选择、分析和分选速度控制、分选设门基本原则和分选基本步骤等内容。

4.1 样品制备

流式细胞仪检测分析的对象是细胞或者细胞样颗粒性物质,所以流式细胞术是细胞学的重要研究手段之一,本节主要介绍如何制备用于流式细胞仪分析的单细胞悬液。流式检测要求样品新鲜,不管是外周血,还是器官脏器,都要求是新鲜采集的,液氮冷冻保存或者固定处理后的样品都不能用于流式检测分析。

4.1.1 独立细胞样品制备

如果研究对象是体外培养的悬浮细胞,则直接收集细胞于离心管中,离心沉淀细胞,然后用PBS重悬沉淀,取适量细胞于Eppendorf离心管中,标记相应的荧光素偶联抗体,最后洗去未结合的抗体,用流式PBS重悬细胞于流式管中,就可上样分析样品细胞。如果培养的细胞是贴壁细胞,需用胰酶消化细胞适当时间后,用培养基或PBS反复吹打,收集待测样品细胞,离心后标记荧光素偶联抗体即可。

如果研究对象是外周血,根据目标细胞的不同可以有两种处理方法。如果研究对象是外周血单个核细胞(peripheral blood mononuclear cell, PBMC),主要包括T细胞、B细胞、NK细胞和单核细胞,不包括中性粒细胞,最常用的提取方法是Ficoll-hypague密度梯度离心法。

Ficoll-hypague密度梯度离心法分离PBMC:

(1) 抽取适量的血液于离心管中,该离心管必须事先加上抗凝剂(如肝素、枸橼酸钠),防止血液凝固。

(2) 用PBS稀释血液,稀释倍数可以根据血液的浓稠度加以调整,一般以2~4倍为宜。

(3) 根据稀释后血液的总量选用15ml离心管或者50ml离心管,先加入离心管1/4左右体积的Ficoll分离液,然后慢慢将稀释后的血液小心叠加到Ficoll分离液的上层,体积是Ficoll液体积的2.5~3倍为宜。注意叠加血液时一定要轻柔,避免加入的血液与Ficoll液相混合,这一步很关键,如果血液层与Ficoll液层互相混合,就无法成功分离PBMC。

(4) 将离心管在水平离心机中离心,中速离心30min。

(5) 取出离心管,此时离心管内的液体分为三层,如图4-1所示,上层为血浆,中层为含有PBMC的Ficoll液,最下层为红细胞,注意此时要轻拿轻放,切勿将分层的液体重新混合。PBMC主要位于Ficoll液的上层,即血浆层与Ficoll液层的交界处,肉眼见到的混浊絮状物就是PBMC,用吸管小心吸取中层的Ficoll液,尽量吸尽其中的混浊絮状物,吸入少量血浆不会影响结果,但需避免吸入最下层的红细胞。

(6) 将得到的含有PBMC的中层Ficoll分离液置于新的离心管中,用PBS稀释,至少稀释一倍。此PBS稀释步骤必不可少,如果不经PBS稀释直接离心,则离心时无法有效沉淀PBMC,因为PBMC密度小于Ficoll液,不稀释直接离心时PBMC仍将位于Ficoll分离液上层。

(7) 低速离心10min,使PBMC沉淀,而血小板悬浮于上层液体中,弃去含有血小板的上层液体。如果血小板去除不满意,可以重复低速离心一次。

(8) 用PBS重悬PBMC沉淀,中速离心5min,沉淀即为PBMC。

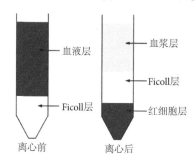

图4-1 Ficoll法分离PBMC的原理示意图

如果研究对象是包括中性粒细胞的外周血白细胞,就不能用Ficoll-hypague密度梯度离心法,因为该法会同时去除中性粒细胞和红细胞。这时可以采取直接用红细胞裂解液裂解红细胞的方法,然后多次低速离心去除红细胞碎片即可。

　　收集人的外周血方法比较简单,直接静脉采血,收集于抗凝管中即可。收集小鼠的外周血最常用的方法是眼眶取血法:常规麻醉小鼠,用弯镊钳住小鼠的一侧眼球,轻轻将眼球连同眼球后的血管一起拉出,用力摘除眼球,倒置小鼠,将眼眶部位对准收集管,血液会自动从小鼠眼眶部位流出,流速慢时可以适当挤压小鼠心脏部位。

　　如果研究对象是胸水、腹水、脑脊液等体液内的细胞,只需直接将体液标本离心,弃上清,用PBS重悬沉淀,就可以标记荧光素偶联抗体,然后流式上样分析。

4.1.2　免疫器官样品制备

　　免疫器官包括中枢免疫器官和外周免疫器官,中枢免疫器官是免疫细胞发育的场所,主要包括骨髓和胸腺,外周免疫器官是免疫细胞发挥功能的场所,主要包括脾脏和淋巴结。免疫器官主要由免疫细胞组成,免疫细胞之间基本是相互独立的,很少形成稳定的连接,而且免疫器官内结缔组织含量也比较少,所以将免疫器官制备成单细胞悬液相比于其他实体脏器要容易得多。

　　研究小鼠的骨髓细胞一般提取长骨如股骨和胫骨内的骨髓。

　　骨髓单细胞悬液制备方法:

(1) 颈椎脱臼处死小鼠,用剪刀、镊子直接分离小鼠的股骨和胫骨。

(2) 用1ml的注射器在股骨或胫骨的两端钻孔,然后用该注射器吸取培养基,反复冲洗股骨和胫骨的骨髓腔,将骨髓腔内的细胞冲洗出来。

(3) 用枪头或者移液管反复吹打冲洗液中的骨髓细胞,使骨髓细胞尽可能相互分离,成为单细胞悬液。

(4) 离心沉淀骨髓单细胞悬液,红细胞裂解液裂解红细胞。

(5) 离心弃上清,去除红细胞碎片。

(6) 用PBS重悬沉淀,就可以进行后续荧光素偶联抗体标记,然后流式上样分析。

胸腺、脾脏和淋巴结内主要是相对独立的免疫细胞,制备这些脏器的单细胞悬液,只需直接将脏器经钢网研磨即可。

胸腺、脾脏和淋巴结单细胞悬液制备方法:

(1) 颈椎脱臼处死小鼠,分离需要制备单细胞悬液的脏器。

(2) 取一干净平皿,放入钢网,将脏器置于钢网上,加入适量PBS或者培养基。用研磨棒轻轻研磨脏器,尽量将所有脏器组织研磨成单细胞状态,直到只剩下脏器的结缔组织为止。注意研磨时动作应轻柔,用力过大可导致细胞死亡。

(3) 弃去钢网和钢网上的结缔组织,收集平皿内的细胞悬液,离心沉淀。

(4) 红细胞裂解液裂解红细胞,离心去除红细胞碎片。

(5) 用PBS重悬沉淀,就可以标记荧光素偶联抗体,然后流式上样分析。

4.1.3 实体脏器样品制备

实体脏器如肺脏、肝脏和肿瘤组织内含有较多的结缔组织,实体脏器细胞之间一般结合紧密,所以直接研磨脏器法无法得到理想的单细胞悬液。因此,研磨前需将脏器剪碎后加入IV型胶原酶(collagenase IV)在37℃条件下消化,消化后的组织再用研磨棒直接研磨,以后的步骤与免疫器官样品制备相同。IV型胶原酶消化脏器的最佳时间各不相同:肝脏组织较脆,结缔组织含量相对较少,一般消化0.5~1h;肺脏组织较韧,完全消化大约需3h;肿瘤组织根据组织类型的不同而异,一般需1~2h。人的脏器组织相比于小鼠的脏器组织更难制备成单细胞悬液,制备人的实体脏器组织的单细胞悬液时,除了加入IV型胶原酶外,还可以加入DNA酶(DNase)和透明质酸酶(hyaluronidase),有条件的话还可以将人的脏器组织或者肿瘤组织置于磁力搅拌器中,使剪碎的组织与加入的酶在37℃条件下尽可能地接触,从而促进组织的消化。

实体脏器研磨后的单细胞悬液以实体细胞为主,如果研究目标不是实体细胞,而是脏器内浸润的免疫细胞,可以用Percoll密度梯度离心法富集免疫细胞,然后再进行流式分析。从公司购买到的Percoll原液是没有渗透压的,所以在配制一定浓度的Percoll时需要注意渗透压的问题。配制Percoll工作液最简单的方法是将Percoll原液、8.5%的NaCl溶液和双蒸水根据一定的比例混合。比如配制30ml的30%的Percoll,只需将9ml(30ml×30%)的Percoll原液、3ml(30ml×10%)的8.5%的NaCl溶液(用于提供渗透压)和18ml(30ml-9ml-3ml)的双蒸水混合即可。有些操作者是首先将Percoll原液与8.5%的NaCl溶液以9:1的比例混合,认为得到的是100%的Percoll,然后再与等渗的0.85%的NaCl溶液根据一定的比例混合得到所需浓度的Percoll工作液。这种方法不推荐,首先,将Percoll原液与8.5%的NaCl溶液以9:1的比例混合得到的并不是100%的Percoll,而是90%的Percoll,这一点一定要注意,其次,这种配制方法计算起来相对比较复杂,不如第一种方法简便直观。

在制备单细胞悬液的过程中,尤其是在制备粘连性较大的实体脏器的单细胞悬液的过程中,如人的肿瘤组织等,经常会在缓冲液中加入EDTA等阳离子螯合剂以防止单细胞再聚集。EDTA等在防止单细胞再聚集方面有较好的作用,但它可能会影响实验结果,如EDTA会螯合缓冲液中的钙离子,大幅度减弱荧光素偶联的抗人CD8单抗的荧光信号,若同时加入$CaCl_2$可有助于抵消EDTA对抗体荧光信号的影响。因此,研究者应该严格比较加入EDTA组与不加EDTA组的实验结果,排除EDTA对实验结果的影响。

4.2 荧光素偶联抗体及其标记方法

荧光信号是流式细胞仪接收处理的重要信号,应用荧光技术使流式细胞术发生了质的飞跃,使流式细胞术发展成为广泛应用于基础生物医学研究和临床诊断的技术。流式细胞仪接收到的荧光信号来源于结合在样品细胞上的荧光素,荧光素偶联抗体或者荧光染料与细胞结合后就会使细胞带有相应的荧光素,该荧光素被特定波长的激光激发后产生特定波长范围的荧光,分析该荧光信号的强弱就可以间接反映样品细胞的某些特征。

4.2.1 荧光素

荧光素(fluorochrome)多是一些化学试剂,有天然的、半天然的,也有人工合成的;还有些是蛋白质。荧光素在未被激发时外层电子处于基态,当被特定波长的激光激发后,外层电子接收到足够的能量就会跃迁到激发态,处于激发态的荧光素外层电子不稳定,会自发从激发态回到基态,同时释放出特定波长的荧光。这就是荧光素产生荧光的原理。

不同的荧光素有其特定的激发光和发射光,所以,流式分析时可以同时标记发射不同波长荧光的荧光素。这些荧光素被激发后发射的荧光被不同的荧光通道接收,它们之间的信号采集和分析不会相互干扰,从而使多荧光通道分析成为可能。

流式细胞术发展到现在,已经有很多种荧光素被用于流式分析。应用于流式细胞术的常用荧光素总结于表4-1中。

表4-1 常用流式荧光素表

荧光素	中文名	激发光波长/nm	发射光波长/nm	基本用途
FITC	异硫氰酸荧光素	488	525	抗原分子检测
PE	藻红蛋白	488	575	抗原分子检测
PE-TxRed	藻红蛋白得克萨斯红	488	612	抗原分子检测
PerCP	多甲藻叶绿素蛋白	488	677	抗原分子检测
PE-Cy5	藻红蛋白-花青素5	488	670	抗原分子检测
PE-Cy7	藻红蛋白-花青素7	488	770	抗原分子检测
APC	别藻青蛋白	650	660	抗原分子检测
APC-Cy7	别藻青蛋白-花青素7	647	774	抗原分子检测
CFSE	琥珀酰亚胺酯*	488	518	细胞示踪与增殖
PKH26	—	488	567	细胞示踪与增殖
(E)CFP	(加强)蓝色荧光蛋白	408	475	指示蛋白
(E)GFP	(加强)绿色荧光蛋白	488	507	指示蛋白
(E)YFP	(加强)黄色荧光蛋白	488	527	指示蛋白
Hoechst 33342	烟酸己可碱33342	350	470	DNA分析

续表

荧光素	中文名	激发光波长/nm	发射光波长/nm	基本用途
PI	碘化丙锭	488	620	DNA分析
7AAD	7-氨基放线菌素D	546	655	细胞死亡
TMRE	四甲基若丹明乙酯	550	573	线粒体膜电位
FAM	羧基荧光素	488	525	PCR定量等
Fluo4	——	488	516	游离的钙离子
SNARF-AM	——	488	640/575	细胞内pH

*全称为羟基荧光素乙醋酸盐琥珀酰亚胺酯;

注:该表不包括Alexa Fluor系列和QD系列荧光素。

FITC是流式细胞术最常用的荧光素,纯品为黄色或橙黄色结晶粉末,该荧光素较为稳定,在冷暗干燥处能够保存多年,与FITC偶联的流式抗体种类也最多。FITC由最常见的488nm激光器激发,其发射的荧光信号被第一荧光通道(FL1)接收。流式细胞术单色分析时常用FITC偶联的抗体。PE荧光素使用也较为广泛,它是从红藻中分离纯化得到的,也是由488nm激光器激发,发射的荧光信号通常被荧光通道FL2接收,其荧光信号较强,是FITC的30~100倍,适用于弱表达的抗原分子的分析。流式细胞术双色分析时通常采用FITC和PE荧光素。

单激光器的流式细胞仪一般配备488nm激光器,可以同时进行3色分析,即有3个荧光通道,FL1接收FITC的荧光信号,FL2接收PE的荧光信号,FL3可以接收PerCP或者PE-Cy5的荧光信号。其中PE-Cy5是由PE和Cy5两个荧光素连接而成的,由488nm激光激发PE荧光素发射的荧光刚好能够激发Cy5荧光素发射荧光,这种现象称为荧光共振能量转移。因为PerCP和PE-Cy5的荧光信号是被同一个荧光通道接收的,所以在流式分析时,不能同时使用这两种荧光素偶联的抗体。

APC也是较为常用的荧光素,其荧光信号也很强,同样适用于弱表达的抗原分子的分析,但是它不能由488nm激光器激发,而只能由635nm红激光器激发,所以488nm单激光器的流式细胞仪无法分析APC的荧光信号。如果流式细胞仪同时配备有635nm红激光器,就可以使用APC荧光素。如BD公司的LSR II分析型流式细胞仪,可以同时进行4色分析,FL4接收的就是APC的荧光信号。

PE-TxRed、PE-Cy7和APC-Cy7荧光素不常使用,一般只能在有更多荧光通道的流式细胞仪如9通道或者12通道的流式细胞仪上使用。CFSE和PKH26荧光素不与抗体偶联,而是单独使用,CFSE能够与细胞膜上和细胞内的蛋白质非特异性结合,PKH26能够嵌入细胞膜的双分子层中,用于细胞示踪和检测细胞增殖等。(E)CFP、(E)GFP和(E)YFP为指示蛋白,其中(E)GFP最为常用,常将其整合于基因组中,用于非特异性指示该转基因小鼠的所有细胞或者特异性指示某种细胞;(E)CFP和(E)YFP是一对理想的能够实现荧光共振能量转移的荧光素,可以用于检测蛋白质与蛋白质的直接结合。Hoechst33342可标记活细胞,多用于分选侧群干细胞。PI荧光素用于检测细胞的DNA含量,可用于细胞周期检测,此外PI也可用于区分活细胞和死细胞。7-AAD用于标记死细胞,在需要明确区分活细胞和死细胞时使用。TMRE对线粒体膜电位敏感,膜电位下降时结合减少,细胞凋亡通常伴随着线粒体膜电位的下降,所以TMRE可以通过指示线粒体膜电位的变化检测细胞凋亡。FAM在水中稳定,主要用于DNA自动测序,也可用于PCR产物定量和核酸探针等。Fluo4是化学荧光钙离子指示剂,最常用于流式检测细胞内游离的钙离子水平。SNARF-AM对细胞内pH敏感,可用于流式检测细胞内pH,被488nm激光激发后能够发射640nm和575nm左右的两种荧光,两种荧光信号强度的比值与细胞内的pH呈一定的比例关系。

近年来,出现了一种名为Alexa Fluor的系列染料,与一般荧光素相比,它具有多种优点:① 比一般荧光素更亮,信号更强,更适用于弱表达抗原分子的检测分析;② 光稳定性更强,不易被漂白;③ 仪器兼容性好,可以被常规配备的激光器激发;④ Alexa Fluor系列染料多达17种,这些染料发射波长从近紫外到近红外,选择范围广;⑤ 对pH耐受性更强,可以在更宽pH范围内保持其光稳定性;⑥ 水溶性好,无需有机溶剂就可直接结合蛋白质,而且长期储存也不易产生沉淀。Alexa Fluor系列染料的光谱特性见表4-2。其中很多种荧光素可以替代目前使

用的荧光素,是更具竞争性和发展前景的荧光素,如最具有代表性的
Alexa Fluor 488可以替代最常用的流式荧光素FITC,具有亮度更高、
pH耐受性更好、光稳定性更好的优点。Alexa Fluor 647与APC的激光
发和发射光均重合,两者共用一个荧光通道。Alexa Fluor 750可以代替
Cy7,比如APC-Alexa Fluor 750就可以代替APC-Cy7,前者比后者稳定。

表4-2　Alexa Fluor系列染料

名称	激发光波长/nm	发射光波长/nm	说明
Alexa Fluor 350	346	442	
Alexa Fluor 405	401	421	可替代Cascade Blue
Alexa Fluor 430	433	541	
Alexa Fluor 488	495	519	最好的绿色荧光素,可替代FITC
Alexa Fluor 532	532	553	
Alexa Fluor 546	556	573	可替代Cy3和四甲基若丹明
Alexa Fluor 555	555	565	可替代Cy3
Alexa Fluor 568	578	603	
Alexa Fluor 594	590	617	可替代TxRed
Alexa Fluor 610	612	628	最好的红色荧光素
Alexa Fluor 633	632	647	
Alexa Fluor 635	633	647	
Alexa Fluor 647	650	665	与APC共用一个荧光通道
Alexa Fluor 660	663	690	
Alexa Fluor 680	679	702	可替代Cy5.5
Alexa Fluor 700	702	723	
Alexa Fluor 750	749	775	可替代Cy7

　　以上介绍的都是有机荧光素,随着纳米技术的发展,最近还出现了
无机荧光素QD(quantum dot)。QD由半导体纳米晶体组成,目前有8
种供流式检测选用,根据QD发射光的平均波长来命名,分别为QD525、

QD545、QD565、QD585、QD605、QD655、QD705和QD800。QD发射光波长与其纳米晶体核心的大小有关,QD525核心最小,只有4nm,QD800核心最大,为8nm。QD对于激发光的波长要求较低,原则上只要低于其发射光波长的激光即可,而且激发光的波长越小效果越好,所以,常规使用的488nm激光器就可激发上述8种QD,而408nm紫激光器激发的效果要比488nm激光器好。

与常规使用的有机荧光素相比,QD无机荧光素具有以下几个优点:① QD对于激发光的波长要求低,只要低于其发射荧光波长的激光都可以激发,所以多色分析时不需配备多个激光器,一个激光器就可激发所有8种QD;② QD发射的荧光信号很集中,波长范围较窄,其信号基本都能被对应的接收通道接收,很少会被相邻的非接收通道接收,所以使用QD时荧光通道之间的补偿很小;③ QD发射的荧光信号与常规的有机荧光素发射的荧光信号波长范围基本不会交叉,所以QD基本不会与常规有机荧光素共用荧光通道,可以较为理想地与各种常规有机荧光素同时使用,进行多色流式分析;④ QD化学性质更为稳定,不易被各种酶降解,其发射荧光信号的能力也很稳定,很少发生光漂白。

4.2.2 荧光素偶联抗体

流式细胞术最常使用的是荧光素偶联抗体(fluorochrome-coupled antibody),由荧光素和抗体两部分组成,抗体可以是单克隆抗体,也可以是多克隆抗体。单克隆抗体技术现在已经很成熟,而且单克隆抗体的特异性明显优于多克隆抗体,所以,现在使用的荧光素偶联抗体中的抗体一般都是单克隆抗体。

在标记样品细胞时,荧光素偶联抗体中的抗体能够与相应的抗原分子特异性结合,这时带有该抗原分子的细胞表面就结合有荧光素偶联抗体,其中的荧光素被相应激光激发后能够发射特定波长的荧光信号,荧光信号被相应荧光通道接收,根据接收到的荧光信号的强弱就可以判断该细胞表达相应抗原分子的情况。

荧光素偶联抗体一般长期保存于−20℃,短期保存于4℃。购买到荧光素偶联抗体后,我们推荐将其分装到0.5ml的Eppendorf管中,每管分装50~100μl,保存于-20℃,并准备一支保存于4℃供平时标记用。需要注意的是,荧光素偶联抗体并不是十分稳定,最忌反复冻融,所以最不可取的方法是保存于-20℃后融化后使用,使用完后又冻于-20℃。

4.2.3　样品封闭

标记样品细胞的荧光素偶联抗体多为单克隆抗体,少数也可能是多克隆抗体。但无论是单克隆抗体还是多克隆抗体,其基本结构都由两部分组成,即包含有特异性结合抗原位点的Fab段和相对保守的Fc段,如图4-2A所示。抗体的特异性表现在Fab段,标记时利用Fab段的抗原结合位点与细胞上抗原分子特异性结合,如图4-2B所示,从而标记并且量化细胞表达该抗原分子的情况。但是,有些细胞表面表达FcR(Fc receptor,Fc受体),如巨噬细胞、DC、B淋巴细胞等,FcR可以与荧光素偶联抗体的Fc段结合,如图4-2C所示。Fc与FcR的结合是相对非特异性的,与抗体种属和类别有关,一般情况下,同种属、同类抗体(如所有的鼠IgG抗体)的Fc段是相同的,所以该种属细胞上的所有该类Fc段的FcR(如与鼠IgG对应的FcγR)都可以与Fc段发生非特异性的结合。

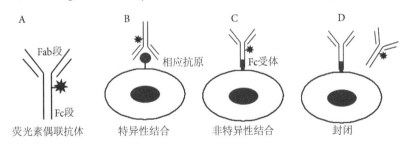

图4-2　抗体封闭原理示意图

Fab段与抗原的特异性结合和Fc段与FcR的非特异性结合本质完全不同,但是其表现出的结果却是相同的,即都使细胞带上荧光素,被激光激发后都可以产生荧光信号,根据结果(荧光信号)分析,流式无法区分该荧光信号代表的是特异性结合还是非特异性结合,无法区分该细胞表达特异性抗原分子或者仅仅是表达FcR。

应用荧光素偶联抗体标记样品细胞,目标是检测Fab段与抗原分子的特异性结合,Fc段与FcR的非特异性结合是混杂信号,会导致流式分析结果错误,所以需要消除这种非特异性结合的影响。消除的方法就是在用荧光素偶联抗体标记样品细胞前先"封闭"样品。考虑到目前常用的荧光素偶联抗体基本都是IgG抗体,所以可以用无关IgG抗体先与样品细胞孵育一段时间,使样品细胞上的所有FcR都与无关IgG抗体的Fc段非特异结合,然后再标记荧光素偶联抗体,这时样品细胞上的FcR都已饱和,无法与荧光素偶联抗体的Fc段结合,如图4-2D所示,也就"封闭"了与荧光素偶联抗体的非特异性结合,保证所有的结合都是抗原与荧光素偶联抗体的特异性结合。

样品封闭主要有以下两种方法:

样品封闭方法一　取适量的血清全IgG抗体与样品细胞充分混匀,4℃静置15min。

研究小鼠来源细胞时,若荧光素偶联抗体来源于大鼠,封闭采用大鼠血清全IgG抗体;研究人的细胞时,若荧光素偶联抗体来源于小鼠,封闭采用小鼠血清全IgG抗体。原则是,如果流式抗体可能与样品细胞的FcR发生非特异性结合,那么在标记荧光素偶联抗体之前先用与流式抗体同源的全IgG抗体进行封闭,使样品细胞表面的FcR饱和。

样品封闭方法二　适量的抗CD16和抗CD32单克隆抗体与样品细胞充分混匀,4℃静置15min。

CD16(FcγR III)是一种FcR,能够与IgG的Fc段结合,亲和力较强;CD32(FcγR II)也是一种FcR,能够与IgG的Fc段结合,亲和力中等。而荧光素偶联抗体基本上是IgG抗体,所以在标记荧光素偶联抗体前可以用抗CD16和抗CD32单克隆抗体封闭样品细胞,使样品细胞表面的FcR都被抗CD16或抗CD32单克隆抗体结合,从而阻止后续荧光素偶联抗体与FcR的非特异性结合。

标记荧光素偶联抗体之前封闭样品细胞是一个好的习惯,能够避免因为非特异性结合产生的错误结果。但是,并不是标记荧光素偶联抗体之前都必须封闭样品,也并不是不封闭样品肯定会产生非特异性结合导致错误结果。一般样品细胞与流式抗体的种属来源是不同的,如标记小鼠来源的样品细胞的荧光素偶联抗体一般来源于大鼠、标记人的细胞的荧光素偶联抗体一般来源于小鼠。小鼠细胞的FcR不一定能够与大鼠来源的荧光素偶联抗体的Fc段结合、人细胞的FcR也不一定能够与小鼠来源的荧光素偶联抗体的Fc段结合,但是,也有可能因为种属关系较近,或者在一定环境条件下这种不同种属间的Fc段和FcR也能结合,实验者很难判断实验过程中这种结合是否会发生,但是在标记荧光素偶联抗体前封闭样品却可以保证这种非特异性结合一定不会发生。所以,实验者最好养成封闭样品的习惯。

4.2.4 荧光素偶联抗体标记

样品细胞标记荧光素偶联抗体的方法比较简单,只需在样品单细胞悬液中加入适量的荧光素偶联抗体,充分混匀,于4℃静置30min,然后用PBS洗去游离的抗体,流式PBS重悬细胞后就可上样分析。

标记荧光素偶联抗体时,可以适当减少样品细胞的体积以节省抗体。流式分析时需要的样品细胞数较少,$5 \times 10^5 \sim 1 \times 10^6$细胞就足够了,所以一般一份样品细胞的体积可以在10~100μl,如果目标细胞的比例不是很低,10μl的体积就已经足够了。因为在流式标记时,只需保证样品细胞中荧光素偶联抗体达到一定的浓度,保证荧光素偶联抗体相对过量,就能保证样品细胞上的所有抗原分子都能与荧光素偶联抗体结合。所以每一份样品细胞的体积越小,每一份所需要加入的荧光素偶联抗体的量就会越少,就可以节约抗体,从而节约实验成本。流式分选时,分选的样品细胞量较多,这时样品细胞的体积也会相应增加,当然其原则也是在保证标记质量的前提下尽量减少样品细胞的体积从而节约荧光素偶联抗体。

荧光素偶联抗体标记主要有两种方法:直接标记法和间接标记法,如图4-3所示。

直接标记法就是直接用荧光素偶联抗体标记样品细胞,抗体直接与样品细胞上的抗原分子结合,与抗体直接偶联的荧光素作为指示剂间接反映样品细胞表达相应抗原分子的情况。直接标记法只需一步标记即可,方法简单,非特异性染色少,是常用的标记方法,如图4-3A所示。

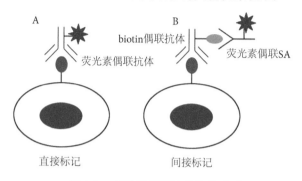

图4-3　荧光素偶联抗体标记方法

　　间接标记法由两步标记组成,第一步用生物素(biotin)偶联抗体标记样品细胞,第二步用荧光素偶联链霉亲和素(streptavidin, SA)标记样品细胞,如图4-3B所示。间接标记法采用的是生物素-亲和素系统,该系统是20世纪70年代后期发展起来的一种生物反应放大系统,1分子亲和素可以与4分子生物素发生特异性结合,生物素和亲和素之间的结合虽然不是抗原-抗体性质的结合,但是两者结合的特异性、敏感性和结合力均不弱于抗原-抗体之间的结合,在生物学中应用广泛。SA是与亲和素具有相似性质的一种蛋白质,因从链霉菌中提取而得名,SA等电点比亲和素低,且不含有糖基链,故在检测中的灵敏度和特异性都高于亲和素。

　　间接标记法一般在多通道分析需要通道搭配以减少荧光素偶联抗体的种类时使用。例如,进行4色(FITC、PE、PerCP、APC)分析时,实验需要分析另外一种表面抗原分子(如CTLA-4),但是实验室没有荧光素偶联抗CTLA-4单抗,需要去购买,而根据已有的其他抗体和实验要求可能同时需要FITC偶联抗CTLA-4单抗、PE偶联抗CTLA-4单抗、PerCP偶联抗CTLA-4单抗、APC偶联抗CTLA-4单抗4种抗体。在这种情况下,如果实验室已有SA-FITC、SA-PE、SA-PerCP和SA-APC(间接标记法第二步标记的荧光素偶联SA是通用的),就只需要购买生物素偶联CTLA-4这一种抗体就可以了。此时,应用间接标记法就可以实现购买1种抗体同时适用于4通道分析的要求,从而节约实验成本。同理,如果实验要求检测样品细胞CD25抗原分子的表达情况,而分配给CD25的荧光通道并不确定,这时只需购买生物素偶联抗CD25单抗1种抗体应用间接标记法就可以满足实验要求;如果用直接标记法,就需要同时购买FITC偶联抗CD25单抗,PE偶联抗CD25单抗,PerCP偶联抗CD25单抗,APC偶联抗CD25单抗四种抗体才能满足实验需求。

但是,当单色分析、多色分析不需要相互通道搭配,或者相应荧光素偶联抗体的通道分配很明确时尽量用直接标记法,因为直接标记法方法简单,只需一步标记即可,而且结果明确。直接标记法和间接标记法比较见表4-3。

表4-3 直接标记法和间接标记法比较表

比较项目	直接标记法	间接标记法
标记步骤	一步标记	两步标记
抗体	荧光素偶联抗体	生物素偶联抗体、荧光素偶联SA
应用	常用	多通道分析要求通道搭配时
优点	方法简单,结果明确	节约抗体种类

4.3 光电倍增管电压设定

流式细胞仪利用光电倍增管(PMT)将各通道检测到的荧光信号转变为电子信号进行分析,PMT的第二个作用就是在转变信号时按照一定比例关系提高电子信号的强度,提高的倍数在流式分析时是可以实时调控的,就是通过分析软件调节光电倍增管的电压。电压设置越低,光电信号转化时电子信号增强的倍数就越小,得到的电子信号就越弱;反之,电压设置越高,增强的倍数就越大,得到的电子信号就越强。

每一个流式通道都会分配有一个光电倍增管,而每一个光电倍增管的电压都是分别调控的,所以,每一个流式通道都有自己特定的光电倍增管的电压,可以分别设定。而且在流式分析时每一个使用到的流式通道都必须设定其合适的电压,才能保证流式分析时得到正确的结果。如流式检测标记有FITC、PE、PerCP和APC荧光素偶联抗体时,就必须先分别设定FSC、SSC、FITC、PE、PerCP和APC 6个通道各自的电压。

光电倍增管的电压值没有一个固定的最合适的值,影响该值设定的因素有很多。流式细胞仪的类型、仪器的结构、不同的流式通道、不同的待测目标细胞、荧光素偶联抗体的种类和浓度以及流式标记方法等都会影响光电倍增管的电压设定,所以,每次实验时都必须调整各通道的电压值。各通道电压的设定一般是在上样分析第一管(通常是阴性对照或者同型对照管)时设定的,当然在分析后续的实验管时,也可以根据实时的流式图形适当地调整各个通道的电压。

FSC和SSC通道基本上是每次流式检测都需要使用的通道,其接收的是散射光信号,与荧光素偶联抗体是否标记无关。FSC信号主要反映的是细胞的体积,所以调整该通道的电压值主要是考虑样品细胞或者目标细胞的体积大小,其设定原则是使样品细胞或者目标细胞位于流式图的中央或者靠近中央的位置。如果检测的目标细胞体积较小,可以适当提高电压值,使目标细胞与细胞碎片在流式图中能够完全分离;如果检测的目标细胞体积较大,可以适当降低电压值,使所有的目标细胞群完整显示于流式图中,防止细胞群接近于流式图的边界而变形扭曲或者完全处于边界外;如果有多个体积大小不同的细胞群,尽量使每个细胞群都能够显示于流式图中,并且能够相互间隔开,尤其要使体积小的细胞群与细胞碎片分离。SSC信号主要反映细胞的颗粒度,所以调整该通道的电压值主要是考虑样品细胞或者目标细胞的颗粒度大小,其具体的调节原则与FSC通道相似:调节SSC电压使样品细胞或者目标细胞位于流式图的中央或者靠近中央的位置;如果目标细胞的颗粒度较小,可以适当提高电压值;如果目标细胞的颗粒度较大,可以适当降低电压值。

第一次流式检测某样品细胞时,FSC和SSC通道的电压通常是流式细胞仪默认的电压值。而在很多情况下,在该默认值条件下检测样品细胞,在FSC-SSC流式散点图中我们很可能找不到目标细胞。图4-4所示的是正常C57BL/6小鼠的脾脏单细胞悬液在流式细胞仪默认的FSC和SSC通道电压值的条件下所得到的FSC-SSC散点图,有些研究者可能会武断的认为脾脏细胞就位于左下角,然后将其设门后进一步流式分析。实际上左下角的点所代表的并不是脾脏细胞,只是样品液中的细胞碎片而已。而真正的脾脏细胞都位于右边界(红框所示部分),只是因为FSC电压值过大,脾脏细胞无法正常显示于该散点图,都堆积在右边界了。如果仔细观察,我们能够发现右边界线相比于其他的边界线明显要粗。这是一个重要的需要操作者仔细观察和判断的现象,边界线变粗就表明一定比例的目标细胞位于此边界线外,将此边界线设门就可以得到这部分细胞占总细胞的比例。根据红框所示设门,发现这部分的细胞占总细胞的90%以上,说明这部分细胞就是脾脏细胞。此时可以下调FSC通道电压,同时适当下调SSC通道的电压,使这部分堆积于右边界线的细胞显示于流式图的中央,如图4-4B所示,此时就可以将中间这群脾脏细胞设门然后进一步流式分析了。仔细观察图4-4B,也能够发现上边界线,尤其是上边界线的中间靠右段明显变粗,说明也有部分的细胞堆积在此处,将此部分细胞设门后发现这部分细胞占总细胞的比例低于5%,说明这部分细胞并不是主要的脾脏细胞,实际上这部分细胞很可能是脾脏内的巨噬细胞,如果此次流式检测分析的只是脾脏内的淋巴细胞,则可以忽略这部分细胞,只设门图中间的淋巴细胞群进一步分析检测;如果此次还需要同时检测分析脾脏内的巨噬细胞,则需要下调SSC电压值,将这部分细胞正常显示于散点图中,然后将其设门后进一步分析检测。此外,流式散点图的4条边界线都可能出现变粗的现象,流式操作者在检测分析

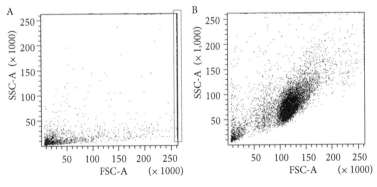

图4-4　FSC和SSC通道电压调节

时就需要仔细观察这一现象,然后根据实际情况做出相应的处理。如果目标细胞堆积于左边界线,则可以上调FSC通道电压,将其显示于流式图中;如果目标细胞堆积于上边界线,可以下调SSC通道电压;如果堆积于右边界线,可以下调FSC电压;如果堆积于下边界线,则可以上调SSC电压。

调节荧光通道的光电倍增管的电压通常使用阴性管或者同型对照管的样品细胞,流式检测时荧光通道上接收到的是样品细胞的非特异性自发荧光,设置电压的基本原则是将自发荧光控制在数轴的1/4范围内,即荧光信号在1/4内的细胞都是阴性细胞,荧光信号超过1/4的细胞都是阳性细胞。根据此原则设置电压一般都能得到较为理想的流式图,从而能够较为准确地得到流式结果。但是此原则只是一般原则,并不是每次检测都能得到理想的结果,检测时可以根据具体情况适当调整电压值。如标记荧光素偶联抗体后,该通道接收到的阳性细胞荧光信号较弱,可以适当提高电压值,使弱阳性细胞与阴性细胞尽可能分离;如果阳性细胞的荧光信号过强,可以适当降低电压值,使所有的强阳性细胞都能正常显示于流式图内,以便于正确分析与统计流式结果。此外,APC-Cy7等接收长波长荧光信号的通道,自发荧光信号范围可以适当降低,因为大多数细胞的非特异性自发荧光的波长没有这么长,即达到该波长的非特异性自发荧光较弱,如果要达到1/4数轴范围可能其电压值设定会很高,此时可以缩小范围,如设定为数轴的1/5。需要注意的是,如果各实验组的结果是根据阴性对照或者同型对照的阴阳性界线得出的,那么一旦设定了对照管的电压,后面各实验组上样时就不能再改变电压的值,否则会因为电压不一致导致各实验组之间没有可比性。

图4-5所示的是光电倍增管电压的不同设置对于流式图的影响。样品细胞是荷瘤小鼠的脾脏细胞,脾脏细胞中除了占多数的淋巴细胞外,还有一定比例的骨髓来源抑制性细胞(myeloid-derived suppressor cell, MDSC)。图4-5A所示的是FSC通道和SSC通道的光电倍增管电压设置较为恰当的FSC-SSC散点图,淋巴细胞群和MDSC细胞群在散点图中较为明显且位于流式图的中央位置,检测比例关系和设门都非常方便。当然,在此基础上再适当增加FSC和SSC通道电压,使两群细胞

更加靠近中央效果会更好。图4-5B所示的是FSC和SSC通道电压设置过高，MDSC细胞群不能正常显示于散点图中，此时只能看到较为明显的淋巴细胞群，如果实验只关注脾脏中的淋巴细胞，此散点图也能满足要求，如果实验同时关注MDSC，则用此图设门很可能会人为地排除MDSC从而使流式分析得到错误的结果。

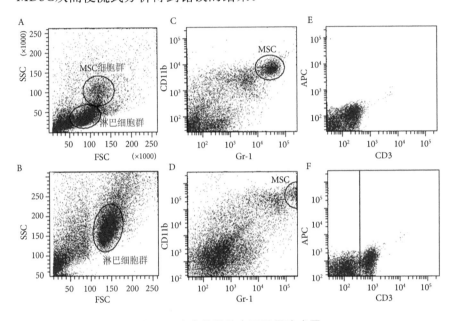

图4-5　光电倍增管电压设置流式图

图4-5C所示的是光电倍增管电压设置较为恰当的Gr-1-CD11b散点图，高表达Gr-1和CD11b抗原分子的MDSC在流式图中清晰显示，由于MSC高表达Gr-1和CD11b，所以在该散点图中显示MDSC时，可以适当降低各自的电压使其能够正常显示。如果电压设置过高，很可能使MDSC细胞无法正常显示于散点图中，如图4-5D所示，大部分的MDSC都无法正常显示，多数位于流式图的边界外。如果阴性细胞与阳性细胞的荧光信号差别不是很大时，电压设置过低，就可能无法正常区分阴性和阳性细胞，如图4-5E所示，CD3阳性细胞与CD3阴性细胞无法明确区分，此时可以适当提高电压；如图4-5F所示，当提高该通道光电倍增管电压后，CD3阴性和阳性细胞就能够较为明确地区分。

4.4 对照的设置

4.4.1 阴性对照的设置

不仅荧光素能够在激光的激发下产生荧光,细胞表面的某些分子或者结构也能够产生荧光,这种荧光相对于荧光素产生的荧光较弱,而且与细胞表面的特异抗原分子没有相关性,被称为非特异性荧光。所以,在特定的激光激发下,细胞产生的荧光并不是绝对的有和无,细胞表面不结合流式荧光素时也会产生荧光信号。

每一种细胞都会产生非特异性荧光,流式检测时得到的荧光信号是细胞本身的非特异性荧光和来自于细胞表面结合的荧光素的特异性荧光叠加得到的结果。所以分析流式结果时,不能因为得到了荧光信号就判断细胞表面肯定结合有相应的荧光素,从而得出细胞表达相应的抗原分子的结论,而应该比较该荧光信号与细胞的非特异性荧光,如果得到的荧光信号大于非特异性荧光,说明得到的荧光信号部分来源于荧光素的特异性荧光,就可以得出细胞表达相应的抗原分子的结论。所以,确定与荧光素无关的细胞自身的非特异性荧光的强弱非常重要,设立阴性对照就是为了确定细胞的非特异性荧光。

图4-6是3类阴性对照和标记荧光素偶联抗体(抗CD69-PE)得到的荧光信号的示意图。相比于前面3类阴性对照,可以得出这群样品细胞中有30%的细胞表达有CD69抗原分子。如果没有阴性对照作为参照,直接根据最后标记荧光素偶联抗体组的荧光信号就无法判断样品

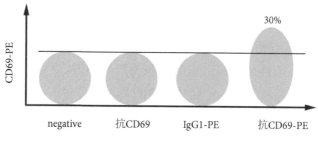

图4-6 阴性对照示意图

细胞中有多少比例的细胞表面结合有PE荧光素,从而也就无法判断有多少比例的细胞表达CD69抗原分子。

这3类阴性对照是比较全面的阴性对照:第1类"negative"表示的是不加任何荧光素偶联抗体时得到的荧光信号,因为没有标记任何荧光素,所以这组得到的荧光信号与荧光素无关,与细胞抗原分子是否表达无关,得到的荧光信号代表的是非特异性荧光信号;第2类"抗CD69"表示的是用抗CD69抗体标记样品细胞后得到的荧光信号,虽然抗CD69抗体能够与细胞表面的CD69抗原分子结合,但是抗CD69抗体没有偶联荧光素,所以得到的荧光信号也与细胞表面是否表达有CD69分子无关,得到的荧光信号代表的也只是细胞本身的非特异性荧光,这种对照用于排除抗体的影响;第3类"IgG1-PE"表示的是标记与抗CD69抗体同种属(来源于同一物种)且同类(抗CD69-PE中的抗体是IgG1类的)的非特异性抗体(IgG1)与PE荧光素偶联的同型(isotype)对照抗体(IgG1-PE)后,得到的荧光信号,这种同型对照抗体不能与细胞表面的CD69发生特异性结合,所以细胞表面不会结合有IgG1-PE,最后得到的荧光信号不是PE荧光素产生的特异性荧光信号,而是代表细胞本身的非特异性荧光,这种对照用于排除荧光素的影响。

阴性对照的设置是流式细胞术中非常重要的一个步骤,每次流式分析时都必须设置阴性对照。设置阴性对照不需要如图4-6所示的3种阴性对照全部设置齐全,一般只需要设置1种阴性对照就可以了。第1种阴性对照是最简单也是最为常用的对照,每次流式分析时多准备一份样品细胞,不标记任何荧光素偶联抗体,在流式上样时先检测这份样品细胞,设定各个通道的电压,再根据其非特异性荧光信号值标记阴阳性分界线,然后再检测标记有各种荧光素偶联抗体的样品细胞,荧光信号值在阴阳性分界线以上的细胞为阳性细胞。当实验要求不高、已进行预实验或者能够确定同型对照的荧光信号与不加同型对照的这种阴性对照结果一致时,就可以采用这种阴性对照的设置。第2种阴性对照设置方法只是一种理论上的设置方法,是为了便于理解阴性对照的设置原理才列于此处,一般流式分析时不会应用到这种阴性对照。

第3种阴性对照的设置方法,称为同型对照设置,是常规的阴性对照设置法,正式的流式图的数据都必须建立在这种同型对照的基础之上,在同型对照基础上得出的流式结果是最可靠的。购买荧光素偶联抗体时,其说明书上都会列出该流式抗体的同型对照抗体,只需要同时购买该同型对照抗体就可以用于同型对照的设置,同型对照抗体的标记方法与荧光素偶联抗体的标记相同。另外,某些荧光素偶联抗体很可能共用同一种同型对照抗体,因此购买前最好先确定实验室之前是否已经购买了该同型对照抗体。

细胞的非特异性荧光的强弱由细胞本身所决定,与细胞的体积大小有关,一般细胞体积越大,其非特异性荧光就越强;体积越小,其非特异性荧光就越弱。如实体脏器细胞或者肿瘤细胞比免疫细胞的非特异性荧光要强;同是免疫细胞,体积较大的巨噬细胞的非特异性荧光要强于体积较小的淋巴细胞;而细胞体积相同的T细胞与B细胞,它们的非特异性荧光强度相差不多。所以,分析每一种样品细胞时,都需要设定这种样品细胞的阴性对照,不能用一种细胞的阴性对照值分析另外一种细胞,尤其是在体积相差较大时更不能互相借用阴性对照值,如不能将肿瘤细胞的阴性对照结果用于分析免疫细胞。

4.4.2 FMO对照

减一阴性对照(fluorescence-minus-one control, FMO对照)是一种特殊的阴性对照,是指在多色(通道)分析时对其中某一个通道特别设置的阴性对照,多在研究不同细胞亚群表达某些重要的表型分子、细胞因子等时应用。

如需要研究人PBMC中CD62L$^+$CD4$^+$和CD62L$^-$CD4$^+$两个细胞亚群表达CD45RA这个重要表型分子的表达情况时,需要同时标记不同荧光素偶联的抗人CD4、CD62L和CD45RA抗体,除了常规的阴性对照设置,最好再设置一组FMO对照,就是只标记荧光素偶联抗人CD4和CD62L抗体,而不标记荧光素偶联的抗人CD45RA抗体,然后将CD62L$^+$CD4$^+$和CD62L$^-$CD4$^+$细胞亚群分别设门,将两群细胞分别显示于新的散点图中,散点图上其中一个轴代表CD45RA的荧光信号,这时就可以分别设置这两个细胞亚群CD45RA通道的阴阳性界线,然后再上样分析实验组,根据不同细胞亚群各自的阴阳性界线分别判定细胞亚群各自表达CD45RA的情况。这种特殊的阴性对照就是FMO对照。

因为不同细胞亚群的非特异性荧光可能存在差异,不同细胞亚群因为结合有不同的荧光素偶联抗体,它们的最佳补偿值也可能存在差异,当在统一的补偿条件下同时分析时,不同细胞亚群在某一通道的阴阳性界线就可能存在差异,普通阴性对照无法进一步区分这种差异,而FMO对照就可以通过只缺少标记这一通道代表的荧光素偶联抗体,精确界定不同细胞亚群各自的这一通道的阴阳性界线,从而使流式分析结果更加精确。

4.4.3 阳性对照的设置

设置阳性对照,就是在使用某种荧光素偶联抗体前先采用一定的方法检测该荧光素偶联抗体是否有效。

阳性对照并不是每次进行流式分析时都必须设置,一般在遇到以下情况时设置:

(1) 使用新的荧光素偶联抗体,该荧光素偶联抗体以前没有使用过。

(2) 换用不同公司的或者同一公司但不同批号的荧光素偶联抗体时。

(3) 使用储存时间较长的荧光素偶联抗体时。

以上三种情况都可能会因为各种原因如生产、运输或者保存不当等导致荧光素偶联抗体失效,从而无法正常标记样品细胞,此时即使细胞表达有相应的抗原分子,这种失效的荧光素偶联抗体也有可能无法与抗原分子结合产生特异性的荧光信号,从而得到假阴性的结果。

设置阳性对照,检测荧光素偶联抗体是否有效,一般有两种方法: ① 用肯定表达有相应抗原分子的样品细胞来检测,如检测荧光素(不管哪种荧光素)偶联的抗小鼠CD4抗体,可以用该抗体标记正常小鼠的脾脏细胞,因为该样品内肯定含有CD4阳性细胞,而且已知CD4阳性细胞占脾脏细胞的大致比例范围,所以如果用该抗体标记脾脏细胞得到预想中的结果时,就可以认为该抗体有效; ② 如果实验室有已证明有效地与待测荧光素偶联抗体的单克隆抗体相同但偶联的荧光素不同的荧光素偶联抗体,如需检测FITC偶联的抗小鼠CD4抗体(FITC-CD4抗体)是否有效,实验室已有证明有效的PE偶联的抗小鼠CD4抗体(PE-CD4抗体),这时可以用这两种荧光素偶联抗体同时标记同一份肯定表达有相应抗原分子(CD4分子)的样品细胞,流式检测后如果PE阳性的细胞FITC也是阳性的,PE阴性的细胞FITC也是阴性的,就可以证明该待测的荧光素偶联抗体有效。

4.5 补偿调节

调节各个荧光通道之间的补偿是流式细胞术非常重要的一个环节,流式分析时补偿是否调节,补偿调节是否正确直接关系到最后流式分析结果的正确与否。初学者尤其要注意流式细胞术补偿调节(fluorescence compensation)的问题,掌握补偿调节原理,学会如何正确调节补偿,这样才能保证流式分析结果的正确。

4.5.1 补偿调节的原理

流式荧光通道之间需要调节补偿是因为流式荧光素在相应激光激发后发射的荧光波长并不是完全集中于一个很小的范围。如表4-4所示:FITC荧光素,被488nm激光激发后发射的荧光信号80%集中于510~550nm,也就是第1荧光通道(FL1)范围之间,表示FITC所发射的荧光信号80%被FL1接收,而10%位于565~595nm,这部分荧光信号被

表4-4 FITC、PE荧光信号分布范围比例表

通道信息	波长范围/nm	FITC荧光分布比例/%	PE荧光分布比例/%
FL1前	<510	2	0
FL1	510~550	80	5
FL1与FL2中间	551~564	7	4
FL2	565~595	10	85
FL2后	>595	1	6

第2荧光通道(FL2)接收,另外的10%既不被FL1也不被FL2接收;PE荧光素,被488nm激光激发后发射的荧光信号85%集中于565~595nm,也就是FL2荧光波长范围之间,表示PE所发射的荧光信号85%被FL2接收,而5%位于510~550nm,这部分荧光信号被FL1接收,另外的10%既不被FL1也不被FL2接收。

　　一般情况下,FL1接收到的荧光信号代表FITC荧光素的信息,也称为FITC通道;FL2接收到的信号代表PE荧光素的信息,也称为PE通道。显然,实际情况并不是如此简单,如果只标记FITC偶联的抗体,不标记PE偶联的抗体,在样品细胞中有相应的抗原分子时,FL1就可以接收到FITC荧光素发射的荧光信号,其比例为80%,同时FL2也可以接收到10%的FITC荧光素发射的荧光信号,表现在流式图中FL2也有部分阳性的细胞。当然,此次实验只是标记FITC偶联抗体,可以明确判断FL2接收到的荧光信号来源于FITC,此时可以不考虑FL2的信号,直接分析FL1信号的强弱即可。但是如果是多色分析,如同时标记FITC和PE偶联抗体,这时FL2接收到的荧光信号就来源于FITC和PE两种荧光素,而且无法判断这两种荧光素发射的荧光信号各自的比例。同理,此时FL1接收到的荧光信号也来源于FITC和PE两种荧光素。有可能FL1和FL2接收到的荧光信号都是来源于FITC,也有可能都是来源于PE,更有可能FL1和FL2接收到的荧光信号是由一定比例的这两种荧光信号混合组成。

　　为了让FL1代表FITC荧光素的荧光信号,FL2代表PE荧光素的荧光信号,而不是上述的FL1和FL2的荧光信号是由一定比例的FITC荧光信号和PE荧光信号共同组成,流式细胞术用补偿调节的方法实现这个目的:排除FL2中来自于FITC的荧光信号,就是设置"FL2-FL1"("PE-FITC")的补偿值,使FL2完全代表PE的荧光信号;排除FL1中来自于PE的荧光信号,即设置"FL1-FL2"("FITC-PE")的补偿值,使FL1完全代表FITC的荧光信号。这个过程就是调节补偿的过程。

4.5.2　调节补偿的具体方法

　　下面以调节FL1(FITC通道)和FL2(PE通道)之间的补偿为例介绍

调节补偿的具体方法。如图4-7所示,样品细胞是小鼠脾脏细胞,选用FITC-抗小鼠CD8抗体和PE-抗小鼠CD4抗体,样品细胞分为4份,具体标记方法和目的见表4-5。

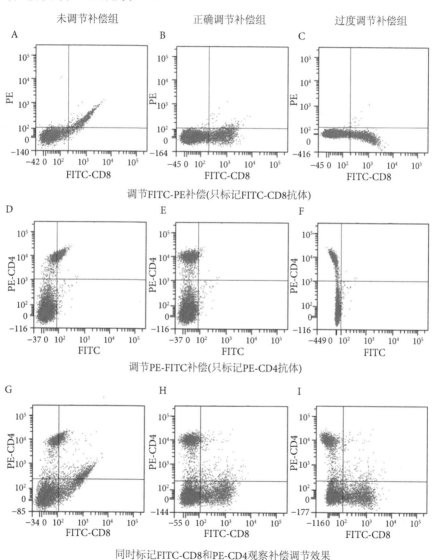

图4-7　FITC和PE通道补偿调节散点图

第1份样品细胞不标记任何荧光素偶联抗体,仅作为阴性对照,用于确定FITC通道和PE通道的阴阳性分界。第2份样品只标记FITC-抗CD8抗体,用于调节PE-FITC补偿值。未调节补偿时(PE-FITC补偿值为0)的FITC-PE散点图如图4-7A所示,不仅FITC通道(FL1)能够接收到FITC荧光素发射的荧光信号,PE通道(FL2)也能够接收到FITC荧光素发射的荧光信号,为了使FL1完全代表FITC荧光素的信号,FL2完全代表PE荧光素的信号,需要将FL2中接收到的来源于FITC荧光素的信号扣除,就是设置PE-FITC补偿(PE减FITC补偿)。当设置的PE-FITC补偿值越来越大时,PE通道接收到的来源于FITC荧光素的信号越来越少,直到FITC-PE散点图变成如图4-7B所示,此时已经正确设置了PE-FITC补偿值,PE通道基本接收不到来源于FITC荧光素的信号,而且FITC阳性的细胞群和FITC阴性的细胞群处于同一水平线上。图4-7C所示的是过度调节PE-FITC补偿值的FITC-PE散点图,FITC阳性细胞群PE通道信号明显低于FITC阴性细胞群。

表4-5 FITC和PE通道补偿调节方法表

样品序号	抗体标记方法	目的
1	不标记荧光素偶联抗体	阴性对照
2	标记FITC-抗CD8抗体	调节PE-FITC补偿
3	标记PE-抗CD4抗体	调节FITC-PE补偿
4	标记FITC-抗CD8抗体和PE-抗CD4抗体	观察补偿调节后结果

第3份样品只标记PE-CD4抗体,用于调节FITC-PE补偿。未调节补偿值,即FITC-PE补偿值为0时的FITC-PE散点图如图4-7D所示,不仅PE通道能够接收到PE荧光素发射的荧光信号,FITC通道也能够接收到PE荧光素发射的荧光信号,为了使FL1完全代表FITC荧光素的信号,FL2完全代表PE荧光素的信号,需要将FL1中接收到的来源于PE荧光素的信号扣除,就是设置FITC-PE补偿值。图4-7E所示的是正确调节FITC-PE补偿值后的FITC-PE散点图,此时FITC通道基本接收不到来源于PE荧光素的信号,而且PE阳性的细胞群和PE阴性的细胞群处于同一垂直线上。图

4-7F所示的是过度调节FITC-PE补偿值的FITC-PE散点图,PE阳性的细胞群FITC通道信号明显低于PE阴性的细胞群。

第4份样品同时标记FITC-CD8和PE-CD4抗体,用于观察补偿调节效果,图4-7G所示的是未调节补偿时的FITC-PE散点图,FITC通道同时接收到FITC和PE荧光素发射的荧光信号,PE通道也同时接收到FITC和PE荧光素发射的荧光信号。图4-7H显示的是正确调节补偿后的散点图,FITC通道基本只接收FITC荧光素的信号,PE通道也基本只接收PE荧光素的信号,细胞分群清晰,流式结果能准确反映细胞群体的信息。图4-7I显示的是过度调节补偿后的散点图。

正确选择代表性荧光素偶联抗体用于调节荧光通道之间的补偿非常重要,如果抗体选择不当,会影响最后的补偿调节。如需要调节FL1和FL2之间的补偿,就需要选择两种荧光素偶联抗体,其中一个抗体偶联的是FITC荧光素,另一个抗体偶联的就是PE荧光素,这是第一个要求。第二个要求是选择的两个抗体所结合的抗原分子必须在样品细胞中有明确的表达,并且表达该抗原的细胞占有较高的比例(占样品细胞的10%以上),如果阳性细胞比例太低,在阳性细胞区域就无法形成明显的细胞团,从而无法判断补偿调节是否得当。表达的比例也不应太高,一般不宜超过50%,这样不表达该抗原分子的细胞的荧光信号可以作为阴性对照。同时还要求每个细胞高表达该抗原,使阳性细胞与阴性细胞能够明显分群,如图4-7所示,才能够正确调节补偿。本例中所选的抗CD4抗体和抗CD8抗体则符合上述要求,能够保证补偿的正确调节。

调节补偿时如果样品细胞选择人外周血单个核细胞(PBMC),那么代表性抗体可以选择相应荧光素偶联的抗CD3抗体、抗CD4抗体、抗CD8抗体、抗CD19抗体、抗CD16抗体、抗CD56抗体或抗CD14抗体等;如果样品细胞选择正常小鼠脾脏或者淋巴结细胞,代表性抗体可以选择相应荧光素偶联的抗CD3抗体、抗CD4抗体、抗CD8抗体或抗CD19抗体等。

4.5.3　三色和四色分析补偿调节方法

是否需要补偿调节以及如何具体安排补偿调节与实验目的有关。

单色分析标记一种荧光素偶联抗体时,就不需要补偿调节,一般单色分析用FITC通道,标记FITC偶联的抗体,只分析FITC通道接收到的荧光信号的强弱即可,不需要分析其他荧光通道的信号。如果是双色分析,一般采用FITC通道和PE通道,同时标记FITC和PE偶联的抗体,这两个通道之间就需要调节补偿。

有时双色分析不能满足实验需求,需要进行三色分析,如同时标记FITC、PE和PE-Cy5偶联的抗体,此时需要调节FITC通道(FL1)、PE通道(FL2)和PE-Cy5通道(一般是FL3,有时也可能是FL4,这与仪器的型号有关)之间的补偿。如果样品细胞选用正常小鼠的脾脏细胞,调节补偿的具体方法见表4-6。一般相邻的荧光通道之间需要调节补偿,相隔的荧光通道之间因为各自接收的波长范围相差较大,一般不需要调节补偿,如FITC通道和PE-Cy5通道之间一般不需要调节补偿,因为FITC荧光素发射的荧光波长一般达不到PE-Cy5通道接收的荧光波长的范围;同理,PE-Cy5荧光素发射的荧光一般也不会被FITC通道接收。但这也不是绝对的,有的荧光素发射的荧光波长范围较广,如CFSE发射的荧光主要被FL1接收,但FL3也能接收部分CFSE发射的荧光信号,这时如果同时标记CFSE和PE-Cy5偶联的抗体时,就需要调节FL1和FL3之间的补偿。

表4-6　FITC、PE和PE-Cy5通道补偿调节方法表

样品序号	抗体标记方法	目的
1	不标记荧光素偶联抗体	阴性对照
2	标记FITC-抗CD4抗体	调节PE-FITC补偿
3	标记PE-抗CD8抗体	调节FITC-PE补偿和PE-Cy5-PE补偿
4	标记PE-Cy5-抗CD19抗体	调节PE-PE-Cy5补偿
5	标记FITC-抗CD4抗体、PE-抗CD8抗体和PE-Cy5-抗CD19抗体	观察补偿调节后结果

有时三色分析也不能满足实验需求,需要进行四色分析,如需要同时标记FITC、PE、PerCP和APC偶联的抗体,那么就需要调节FITC

通道(FL1)、PE通道(FL2)、PerCP通道(一般是FL3)和APC通道(一般是FL4)之间的补偿。如果样品细胞选用正常小鼠的脾脏细胞,具体调节补偿的方法见表4-7。PerCP荧光素是488nm激光激发的,APC荧光素是635nm激光激发的,如前所述,不同激光器激发的荧光信号是进入不同的荧光信号分离系统的,两者之间应该不会相互干扰,那么也应该不需要调节补偿。实际上,荧光素的激发波长与发射波长一样,也是一个波长范围,而不是某一个具体的值,比如PerCP荧光素,实际上488nm激光和635nm激光都能够激发这个荧光素,只是相比较而言,488nm激光的激发效率要明显优于635nm激光。因此,在接收635nm激光所激发的荧光信号分离处理系统中也会掺杂来自于PerCP的荧光信号,而PerCP发射波长与APC的发射波长相互重叠,所以需要在APC荧光通道中减去来自于PerCP的荧光信号,也就是设置APC-PerCP补偿。同理,488nm激光也能够一定程度的激发APC荧光素,这部分荧光信号也会进入PerCP通道中,也需要设置PerCP-APC补偿。需要指出的是,PE-Cy5荧光素与APC荧光素虽然并不是共用一个荧光通道,但是两者之间的信号重叠率太高,一般很难通过补偿调节将两者的信号区分开,所以不推荐两种荧光素共用,四色分析时推荐使用PerCP。这是因为635nm激光能够直接激发Cy5荧光素,该荧光素发射的荧光信号主要进入APC荧光通道。

表4-7 FITC、PE、PerCP和APC通道补偿调节方法表

样品序号	抗体标记方法	目的
1	不标记荧光素偶联抗体	阴性对照
2	标记FITC-抗CD4抗体	调节PE-FITC补偿
3	标记PE-抗CD8抗体	调节FITC-PE补偿和PerCP-PE补偿
4	标记PerCP-抗CD19抗体	调节PE-PerCP补偿和APC-PerCP补偿
5	标记APC-抗CD3抗体	调节PerCP-APC补偿
6	标记FITC-抗CD4抗体、PE-抗CD8抗体、PerCP-抗CD19抗体和APC-抗CD3抗体	观察补偿调节后结果

4.5.4 影响补偿大小的因素

荧光通道之间补偿的大小主要受仪器的型号、荧光素偶联抗体和细胞这三个方面因素的影响。

流式细胞仪的型号是第一个重要的影响因素,不同型号的仪器使用滤光片分离荧光的方法不同,而且各个荧光通道虽然接收的荧光波长范围相似,但是也有所差别,如接收FITC荧光素发射的荧光信号的FL1通道,有的型号接收的波长范围相对较广,有的型号接收的波长范围则相对较窄。所以,荧光通道之间的补偿并没有一个固定的值,不同型号的流式细胞仪具有不同的补偿值大小,不能将一台仪器的补偿值直接应用到另一台仪器上。但是,虽然不同型号的仪器荧光通道之间的补偿大小不同,但鉴于流式细胞仪的原理和结构相差不多,所以荧光通道补偿值相差不多,一般都在一定的范围内。表4-8是LSR II分析型流式细胞仪FITC通道、PE通道、PerCP通道和APC通道之间的补偿值大小,仅供流式操作者在调节补偿时参考。

表4-8　BD LSR II分析型流式细胞仪四通道补偿值参考表

补偿名称	补偿值/%
PE-FITC补偿	18.5
FITC-PE补偿	3.5
PerCP-PE补偿	7.5
PE-PerCP补偿	3.2
APC-PerCP补偿	5.6
PerCP-APC补偿	0.4

第二个影响因素就是荧光素偶联抗体,尤其是其中的荧光素,由于荧光素发射的荧光波长不是绝对的集中,如FITC荧光素发射的荧光虽然大部分被FL1通道接收,但是也有小部分被FL2通道接收,所以才需要调节补偿。如果荧光素发射的波长绝对集中,只被荧光素所对应的通道接收,不被相邻的其他通道接收,则不需要调节补偿,如最新发展

的无机荧光素QD,其发射的荧光信号相对集中,荧光信号一般不会被相邻通道接收,所以,使用QD荧光素偶联的抗体时,荧光通道之间的补偿值很小或者根本不需要调节补偿。如果荧光素发射的荧光信号被相邻通道接收的比例越高,则需要调节的补偿值就相应较大。有时荧光素发射的荧光波长范围很广,不仅被相邻荧光通道接收,而且还能被相隔荧光通道接收,这时这两个相隔的通道之间也需要调节补偿。所以从一定意义上来说,补偿并不是通道之间的补偿,确切地说应该是荧光素之间的补偿。如FL1可以接收FITC、CFSE、GFP和Alexa Fluor 488这些荧光素发射的荧光信号,在不同实验中可以分别代表这四种荧光素的荧光信号强弱,当与PE荧光素共用时,FL1和FL2之间补偿的大小就会因FL1代表的荧光素的不同而不同。所以当CFSE与PE共同标记样品细胞时,不能应用FITC偶联抗体与PE偶联抗体调节得到的补偿值,应该重新用CFSE和PE偶联抗体调节补偿后再分析。同理,FL3代表PE-Cy5或者PerCP荧光信号,其与FL2和FL4之间的补偿大小也应该是不同的,应该区别对待。另外,不仅荧光素是重要影响因素,荧光素偶联抗体有时也会影响补偿大小,如标记时荧光素偶联抗体的浓度过高,其荧光波长的范围可能会扩大许多,从而在低浓度时接收较小比例的荧光信号的相邻通道可能此时能够接收较大比例的荧光信号。

细胞也是影响补偿大小的一个因素,尤其是当细胞的理化性质相差较大时,如淋巴细胞和肿瘤细胞之间、活细胞与固定后细胞之间,标记相同的荧光素偶联抗体,使用相同的通道时,各通道之间的补偿可能不同,所以当细胞理化性质差异较大时,最好重新调节新的样品细胞的补偿,确保获得准确的流式结果。

流式细胞术是一个经验性很强的实验技术,在分析流式结果时,不能机械地分析,应该根据实际情况具体分析,当结果与预测的不同或者与其他实验者得到的结果不同时,不要轻信得到的结果,应该仔细分析整个流式分析的过程,尤其要考虑补偿是否调节得当,因为补偿调节不当,会影响最后得到的流式图,可能得出完全不同的结果。流式分析者必须时刻注意荧光通道之间补偿的问题,避免因为补偿的问题而得到错误的流式结果。

4.6 阈值设定

流式分析的对象是细胞或者细胞样的颗粒性物质,而上样分析时的样品中不可避免地存在着或多或少的细胞碎片。虽然细胞碎片一般都比细胞小,但是流式细胞仪无法判断检测到的对象是细胞碎片还是细胞,所以流式细胞仪本身不能将细胞碎片自动过滤而只分析细胞。但是实验者希望只分析细胞,而不希望将细胞碎片统计入流式结果中。流式细胞术可以通过设定阈值(threshold)尽可能地排除细胞碎片和其他小颗粒性物质的影响,尽量使流式分析的对象只是细胞。

设定阈值首先需要确定阈值通道(触发通道),即根据哪一个检测指标(通道)来设定阈值。最常用的阈值通道是FSC通道,FSC的大小反映的是分析对象的体积,一般细胞碎片和小颗粒性物质的体积都比细胞小,所以根据对象的FSC大小设定阈值是比较理想的。阈值常由百分数来表示,如4%。如果阈值通道是FSC,这个设定的阈值就表示在流式细胞仪能够检测到的对象中,每检测到100个对象就会自动排除其中FSC值最小的4个对象,自动忽略这些对象,它们的数据结果也不会显示于流式图中。某些流式细胞仪也有用特定的荧光强度值来表示阈值,如LSR II型流式细胞仪,其默认的阈值通道就是FSC,默认的阈值大小是5000,表示在流式检测时将自动忽略FSC小于5000的对象。

设定的阈值只是一个经验数值,设定原则是这个阈值的设定能够将大多数的细胞碎片和小颗粒性物质排除,同时保证所有的细胞都不会被排除。所以,阈值不是一个理想的非常精确的数值,并不是一旦设定了阈值,细胞碎片、小颗粒性物质和目标细胞就可以被绝对分开。阈值虽然有一个经验数值可供参考,如4%,但是操作者应根据实验的具体情况相应地调节阈值的大小,如果某次样品中的细胞碎片和小颗粒性物质较少,可以相应减小阈值;如果某次样品细胞制备得不是很理想,细胞碎片和小颗粒性物质较多,可以相应提高阈值。

在分析或者分选人PBMC时,虽然从外周血中纯化PBMC,最后一步通过低速离心已去除大部分的血小板,但是外周血中血小板体积小,其数量更是远远超过PBMC,低速离心只能去除大部分的血小板,最后的PBMC样品中血小板的比例还是较高。如图4-8A所示,当阈值设置为常规的4%时,FSC-SSC中所显示的细胞绝大部分为细胞碎片和血小板,淋巴细胞只占10%左右,单核细胞的比例不到2%。这时就可以通过提高阈值尽可能地排除血小板,此时阈值可以提高到10%~20%。如图4-8B所示,当阈值设置为20%时,绝大多数的细胞碎片和血小板都被排除了,FSC-SSC散点图中淋巴细胞的比例上升到约60%,单核细胞的比例上升到约10%。提高阈值有助于进行细胞分选,阈值提高后可尽可能地忽略血小板的存在,相对提高目标细胞的比例,提高分选速度,大幅度减少分选时间,提高分选后细胞的活力。

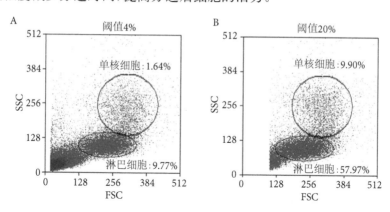

图4-8 人PBMC不同阈值下FSC-SSC散点图

4.7 流式分析中的死细胞问题

样品细胞中一般都含有一定量的死细胞,通过一定的方法可以减少样品中死细胞的比例,但是完全去除样品中的死细胞几乎是不可能的。流式分析的目标是活细胞,流式分选的对象更要求是活细胞,所以如果在流式分析时将死细胞当作活细胞来分析,会严重影响流式分析结果。

4.7.1 减少样品中死细胞比例的方法

一般流式分析者都希望样品中死细胞尽可能少,保证流式结果的准确性,而样品准备的过程会直接影响到样品中死细胞的比例,下面列举了在样品准备过程中需要注意的事项,以尽量减少死细胞的产生。

(1) 如果是直接从实验动物中获取目标细胞进行流式分析,需尽量缩短从处死动物到获得可以上样分析的样品细胞的时间,尽可能地减少在样品准备过程中细胞的死亡。细胞离体后一般都会在一段时间后死亡,室温下,样品准备时间不应超过5h;4℃条件下,不应超过10h。如果短时间内无法处理已经从动物中获得的细胞,应将细胞置于4℃冰箱中;如果长时间无法处理,则应将细胞置于无菌培养板中,在孵箱中培养,保持样品细胞的活力。

(2) 如果从脏器中通过研磨获得单细胞悬液,研磨时动作应轻柔,切不可强行研磨,否则得到的可能是细胞碎片而不是活细胞。研磨棒的头部最好是柔韧性较好的橡胶,以减轻机械研磨对细胞的损伤。

(3) 配制PBS缓冲液时,应根据配方严格配制,尤其注意确保缓冲液的渗透压,同时还应注意缓冲液的pH。

(4) 在准备样品细胞的过程中,常需要离心样品细胞,离心速度的控制也是比较重要的。在能够完全离心得到目标细胞的前提下,应尽量降低离心速度、缩短离心时间,避免离心速度过高、离心时间过长对细胞的损伤,否则将产生大量细胞碎片,甚至会导致细胞死亡。

(5) 分选细胞时耗时较长,在样品制备中可以加入适量的培养基,使细胞能够从培养基中吸收营养物质,延长细胞存活时间;如果分选型流式细胞仪配备有温控系统(或者冷却系统),则可将整个样品分选过程和分选后的细胞都控制在4℃条件下,以提高细胞的活力,减少死细胞的产生。

4.7.2 流式分析时区分死细胞和活细胞的方法

既然流式样品中不可能完全去除死细胞,而在流式分析时又不希望有死细胞的干扰,所以如何在流式分析和流式分选时明确分辨死细胞就成为流式细胞术的一个重要研究内容。目前,有四种方法供流式分析者区分死细胞和活细胞。

1. 对角线死细胞

活细胞能产生非特异性荧光,只是非特异性荧光信号相比于荧光素发射的荧光信号较弱。死细胞也可以产生非特异性荧光,而且死细胞产生的非特异性荧光要明显强于活细胞,有的甚至强于荧光素产生的荧光信号。非特异性荧光产生的荧光波长没有选择性,并不是局限于某一荧光波长范围,而是处于连续的波长范围,所以一般所有常用的荧光通道都能够接收到死细胞产生的非特异性荧光信号,而且该信号在所有波长范围的荧光强度相差不多,各个荧光通道接收到的死细胞的荧光强度都是处于同一个等级的。因此,在散点图上死细胞是位于对角线上的,而且不同的死细胞,其非特异性荧光的强度不同,且差异可能很大,强度大的可能是强度小的几十倍,甚至几百倍。所以从整体来看,死细胞的非特异性荧光强度呈现出从低到高的连续性分布,表现在散点图上死细胞刚好处于对角线上,如图4-9A所示呈线型,与活细胞群体的圆形分布有明显区别。流式分析者可以根据死细胞的这一特点区分活细胞和死细胞。

死细胞位于散点图的对角线上,但是对角线上的细胞却并不一定都是死细胞,因为双阳性细胞如果在x轴和y轴的荧光信号相似时,也可以位于对角线上。所以,散点图对角线上的细胞可能是死细胞,也可能是双阳性细胞,但是这两种细胞的形状是不一样的,死细胞呈现连续的线型分布,而双阳性细胞群呈现圆形的群体分布,因此,可以从对角线上的细胞群体的形状大致判断细胞的性质。但是,圆形的双阳性细胞群和线型的死细胞群有时相互重合在一起,这时依靠散点图无法区分双阳性细胞和死细胞。如图4-9B所示,样品细胞为正常小鼠脾脏细胞,标记FITC-抗CD3抗体和PE-抗CD4抗体,FITC和PE双阳性的CD4 T细胞与死细胞混在一起,无法区分。

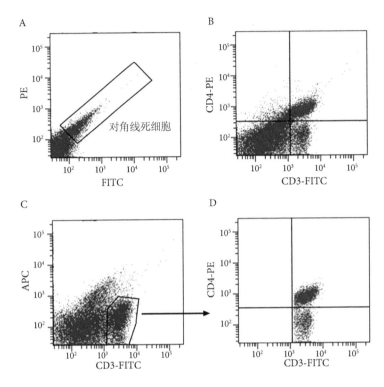

图4-8　对角线死细胞流式图

　　如上所述,死细胞的非特异性荧光强度可以与荧光素产生的荧光强度类似,所以不能根据荧光强度的强弱来区分该荧光信号是来自于死细胞的非特异性荧光还是来自于荧光素产生的荧光,但是可以利用在散点图上死细胞位于对角线的特点来区分死细胞和阳性的活细胞。散点图可以同时反映两个荧光通道的信息,如果x轴代表的通道是标记的荧光素接收通道,而y轴代表的通道是不标记荧光素的通道,即闲置荧光通道,这时死细胞和x轴代表的荧光素阳性细胞在x轴的荧光信号可能相同,单从这个荧光通道信号可能无法区分,但是可以从散点图中细胞y轴信号的大小来区分,死细胞的x轴和y轴荧光信号相似,位于对角线上,而阳性细胞y轴代表的信号是阴性的,x轴代表的信号是阳性的,位于散点图的右下区域,即位于对角线死细胞的右下方,死细胞和阳性活细胞可以被明显区分。如图4-9C所示,x轴表示FITC通道(样品细胞标记有FITC-抗CD3抗体)、y轴表示APC通道(闲置通道),借用该散点图可以明确区分图4-9B中无法区分的死细胞和双阳性细胞。此时只需将排除了死细胞后的CD3 T细胞设门,将门内的细胞显示于新的FITC-PE散点图中,如图4-9D所示,此时该散点图内的细胞都是活细胞,因为样品细胞同时标记有PE-抗CD4抗体,所以图中的细胞明显分为两群,双阳性的是CD4 T细胞,单阳性的是CD8 T细胞。

2. 7AAD标记死细胞

7AAD(7氨基放线菌素D)是一种经典的核酸标记染料,在流式细胞术中能够代替PI染料用于标记死细胞,以排除死细胞对实验结果的干扰。PI染料被激发后发射的荧光波长范围很大,常规FL1、FL2、FL3都能够接收到其荧光信号,所以与FITC和PE荧光素发射的荧光波长有很大程度的重叠,因此,PI染料不宜与FITC和PE共标记。而同样标记核酸的7AAD,其发射的荧光波长比较集中,一般被PerCP荧光通道接收,基本不与FITC和PE发射的荧光重叠,可以与FITC和PE共同标记样品细胞。所以,7AAD在标记死细胞方面要明显优于PI染料。

7AAD的荧光信号被PerCP通道接收,所以7AAD不能与PerCP或PE-Cy5偶联的抗体共同标记样品细胞。标记7AAD不需要与其他荧光素偶联抗体同时标记,只需在流式上样前5min加入适量的7AAD于流式管中,就可上样分析。分析时将PerCP通道阴性的细胞设门显示于新的流式图中即可,此时流式图中的细胞都是7AAD阴性的活细胞。

3. PE-Cy5通道非标记阳性细胞

PE-Cy5通道(通常是FL3,接收的荧光波长范围大致为655~685nm)有时可用于识别死细胞,但首先该通道必须是闲置通道,即样品细胞中没有标记该通道代表的荧光素(PE-Cy5、PerCP等)偶联抗体。选择PE-Cy5-SSC散点图,一般可看到不成群的PE-Cy5阳性细胞,这些阳性细胞的SSC值也是散在分布的,这些散在的PE-Cy5通道非标记阳性细胞一般都是死细胞,如图4-10所示。PE-Cy5通道非标记阳性细胞,即图4-10A中的红色部分,将这部分细胞设门显示于FITC-PE散点图中,如图4-10B

所示,这部分PE-Cy5通道非标记阳性细胞基本都位于对角线部分,而对角线细胞一般就是死细胞,所以,散在的PE-Cy5通道非标记阳性细胞一般就是死细胞。

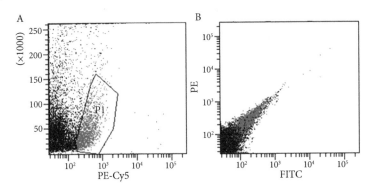

图4-10　PE-Cy5通道非标记阳性细胞

利用PE-Cy5通道非标记阳性细胞区分活细胞和死细胞时,流式分析的顺序一般是先在FSC-SSC图中选择目标细胞所在的细胞群,将其设门,然后将门内的细胞显示于PE-Cy5-SSC散点图中,排除PE-Cy5通道非标记阳性细胞代表的死细胞,将PE-Cy5阴性细胞设门,然后将门内的细胞显示于新的流式图内分析,这时该流式图内的细胞都是活细胞,分析或者分选时就可以尽量排除死细胞的干扰了。

但是,这种排除死细胞的方法只是一种经验方法,一般在实验要求不高或者预实验时使用,PE-Cy5通道非标记阳性细胞并不一定都是死细胞,死细胞也并不一定都位于PE-Cy5通道非标记阳性区域内,其阴性区域内也可能有一定比例的死细胞。所以,流式分析者可以借鉴这种方法区分死细胞和活细胞,但是不能将此方法作为区分死细胞和活细胞的金标准,7AAD标记法才是标记死细胞的金标准。

4. EMA与ViD标记死细胞

只标记分析活细胞的表面抗原分子时,用7AAD鉴别死细胞和活细胞是理想且经典的方法。但是如果分析胞内分子,如检测胞内的重要抗原分子、胞内细胞因子和胞内活化的激酶等都需要先固定样品细胞,然后用打孔剂在细胞膜上打孔,使荧光素偶联抗体能够通过细胞膜进入细胞内,与相应目标分子结合,这时7AAD就无法鉴别死细胞和活细胞了。如果在固定细胞前标记7AAD,固定和打孔的过程可能会使7AAD发射荧光的能力丢失,如果在上样前标记7AAD,那所有的细胞都会被标记,因为7AAD也可经过小孔进入细胞内部与DNA结合。这时,就可以用EMA(ethidium monoazaide)和胺反应性活性染料(amine reactive viability dye,ViD)代替7AAD在分析胞内分子时用于鉴别死细胞和活细胞。

EMA与PI和7AAD一样也是一种能够与DNA结合的荧光染料,但不能自由通过活细胞的细胞膜,当细胞死亡细胞膜通透性增加时就可以进入细胞内与DNA结合。EMA比PI和7AAD稳定,标记胞内分子时的固定和打孔操作不会影响EMA发射荧光信号的能力,在固定前标记EMA就可排除死细胞的影响。但是,EMA只有暴露在紫外条件下才能够与DNA共价结合,这些因素都限制了它的实际应用。

ViD是一种新型的鉴定活细胞和死细胞的荧光染料,它与EMA一样稳定,固定和打孔的操作不会影响其发射荧光的能力,在分析胞内分子时,固定前标记ViD可鉴别死细胞和活细胞,而且其标记过程简单,荧光信号也较强,具有较好的应用前景。

4.8 流式分选模式选择

流式分选就是先对样品细胞进行流式分析,判断该细胞是否为目标细胞,如果是目标细胞,则对该细胞施加一定电量的正或负电荷,目标细胞在强电场中发生偏转进入接收管中;如果不是目标细胞,则对该细胞不做处理,细胞不带电荷,在强电场中不发生偏转而直接进入废液孔中。

但是流式分选并不是直接对细胞进行操作,而是对细胞所在的液滴进行操作,在理想条件下,细胞位于液滴正中,一个液滴内只有一个细胞,所以对细胞进行操作和对液滴进行操作的效果并无区别。但是在实际分选条件下,细胞在液体中的分布是不均匀的,细胞与液滴不可能完全达到这种一对一的关系,所以当仪器对可见液流打点时,有些液滴内可能没有细胞,而有些液滴内可能不止一个细胞。如果液滴内没有细胞,可直接忽略掉,即不对该液滴进行加电荷操作,让其直接进入废液孔;但是,若液滴内不止一个细胞,则可能其中部分细胞是目标细胞,而部分细胞是非目标细胞,此时该如何操作呢?如果分选该液滴,非目标细胞会进入接收管中,影响分选的纯度;如果不分选该液滴,目标细胞进入废液桶中,影响分选的得率。为了解决这个问题,为了让分选更具灵活性,让用户根据不同的分选要求选择不同的分选方式,分选型流式细胞仪提供了三种分选模式供用户选择,如表4-9所示。

表4-9 三种分选模式比较表

液滴情况	纯化模式	富集模式	单细胞模式
没有细胞	不分选	不分选	不分选
只有1个细胞,该细胞为非目标细胞	不分选	不分选	不分选
只有1个细胞,该细胞为目标细胞	分选	分选	分选
2个以上细胞,无目标细胞	不分选	不分选	不分选
2个以上细胞,目标细胞和非目标细胞共存	不分选	分选	不分选
2个以上细胞,均为目标细胞	分选	分选	不分选

4.8.1 纯化模式

纯化(purity)模式是最常用的模式,在该模式下,只有当液滴内的细胞均为目标细胞时才分选,无论液滴内只有1个细胞还是多于1个细胞,如果该液滴内有非目标细胞,不管该液滴内含有多少目标细胞都不分选该液滴。一般一步分选一种目标细胞时首选这种模式。

纯化模式能够保证分选后细胞的纯度,但是不能保证细胞的得率。采用纯化模式进行分选,样品细胞不应太浓,否则细胞与液滴的比例会增加,平均分配给细胞的液滴数量减少,多个细胞共存于一个液滴的概率增加,目标细胞和非目标细胞共存于同一液滴的概率也会增加,而在纯化模式下是不会分选这种液滴的,所以目标细胞的得率会相应减少。当然,不能为了提高得率而过度稀释样品细胞,若样品内细胞含量过低,样品的体积就会相应增加,分选所需的时间也会相应增加,从而影响分选后细胞的活性。而且,细胞浓度低到一定程度就只会增加无细胞液滴的概率,而不会进一步减少目标细胞和非目标细胞共存于同一个液滴的概率,不但不能进一步提高细胞得率,反而只会增加分选的时间。

4.8.2　富集模式

富集(enrich)模式不如纯化模式常用,在该模式下,无论液滴中是否含有非目标细胞,也不管液滴中非目标细胞的比例有多高,只要液滴中含有目标细胞,都分选该液滴。因此,与纯化模式注重分选后细胞的纯度不同,富集模式注重的是分选后细胞的得率。在理想状态下,所有的目标细胞都可以被分选得到,得率可达100%,但是保证了得率,纯度就无法保证,在含有目标细胞的液滴中的非目标细胞也会被分选出来。

富集模式能够保证目标细胞的得率,但是如果同时还希望提高目标细胞的纯度,则可降低样品细胞的浓度,减少目标细胞与非目标细胞共存的概率,降低非目标细胞掺入的概率,提高分选的纯度。但是同样,细胞的浓度也不能过低,否则不但不能进一步提高分选的纯度,反而只会大幅度增加分选的时间,影响分选后细胞的活力。

选用富集模式时一般不会太注重分选的纯度,否则会选用纯化模式,而且,一步分选不应选用富集模式,因为分选细胞首先注重的是纯度,其次注重的才是得率。富集模式一般用于二步法分选低比例细胞,如当目标细胞的比例低于样品细胞的1%时,直接用纯化模式一步分选得到的细胞纯度不会太高,同时得率也不会很高,这时可先用富集模式富集目标细胞,再用纯化模式分选目标细胞,同时提高分选的纯度和得率。二步法分选低比例细胞将在第六章中具体介绍。

4.8.3　单细胞模式

单细胞(single)模式应用不是很广,在该模式下,只有当液滴中有且只有一个细胞,而且该细胞是目标细胞时才分选该液滴,如果液滴中不止一个细胞,即使液滴中的细胞都是目标细胞,也不分选该液滴。单细胞模式分选纯度与纯化模式相当,但是得率比纯化模式要低。单细胞模式与纯化模式同样只分选目标细胞,非目标细胞没有掺入的机会,所以分选纯度相当高;但是当一个液滴中不止一个细胞时,在纯化模式下,当液滴内的细胞都是目标细胞时会被分选,而在单细胞模式下,却会排除这种液滴,所以得率低于纯化模式。

与纯化模式和富集模式相比,单细胞模式有一个优点:单细胞模式能够精确地计数分选后得到的细胞。因为多数分选型流式细胞仪软件上显示的分选得到的细胞数实际上是分选的液滴数,而有的液滴内不止一个细胞,所以在一般情况下,实际分选得到的细胞数要多于软件上显示的细胞数。当实验要求精确计数分选得到的细胞时,就应该选用单细胞模式。如分选的是具有克隆能力的干细胞或者前体细胞,进行克隆实验时,一般要求每一个培养孔中加入少量的细胞,如每孔小于100个,比较不同细胞的克隆形成能力,这时就需要精确计数分选后得到的细胞。在这种情况下就可使用单细胞模式,将细胞直接分选进入培养板中。

如本研究所于2004年发表于*Nature Immunology*的文章[2004. 5(11): 1124-1133],为了证实脾脏基质细胞能够诱导成熟DC克隆扩增,作者利用分选型流式细胞仪,选用单细胞模式,直接分选成熟DC进入铺有脾脏基质细胞的96孔板中,每个孔只加入1个分选得到的成熟DC。经过一段时间的共培养,发现有超过70个孔的成熟DC发生了克隆扩增,证明在脾脏基质细胞存在的体外条件下,成熟DC能够克隆扩增。

4.9 上样速度控制

流式细胞仪的液流系统由样品流和鞘液流两个子系统组成,在形成可见液流前,样品流和鞘液流会合于喷嘴,然后共同组成可见液流,样品流位于中央,鞘液流位于外围。虽然样品流和鞘液流相互接触组成可见液流,但是这两个液流却是相互独立的,分别出两个压力所控制,样品压力作用在样品流上,鞘液压力作用在鞘液流上。一般鞘液压是不变的,而在流式分析时通过改变样品压力的大小调节上样速度。

虽然样品压和鞘液压不同,但是样品流和鞘液流的流速却是相同的,否则就不能形成稳定的层流。改变样品压的大小,只是改变样品流的直径。增加样品压,位于中央的样品流的直径就会增大,单位时间内流过的液体量会增加,该液体内所包含的需要分析的细胞数也相应增加,单位时间内分析或分选的细胞数就相应增加,上样速度就会增加。所以,流式细胞仪就是通过调节样品压的大小来调节样品流的直径间接调控上样的速度。

4.9.1　流式分析速度控制

流式分析时对上样速度要求不高,不需要精确控制上样速度,所以分析型流式细胞仪一般不设置可以连续调控分析速度的功能,而是简单地设置几档分析速度供用户选择。如LSR II分析型流式细胞仪设置了"低速"、"中速"、"高速"三个分析速度供用户选择。

低速上样时,样品压相对较小,样品流的直径最小,样品流内的细胞居于正中的概率最大,所以激光从正中穿过待分析细胞的概率最高,分析得到的数据最接近细胞的真实数据。而高速上样时,样品压相对较大,样品流的直径最大,样品流内的细胞偏离样品流正中的概率最大,激光从正中穿过待分析细胞的概率最小,分析得到的数据偏离真实数据的概率最大。

因此,上样速度越低,分析得到的数据越可靠。但是,低速上样分析时所需时间较多,尤其是分析低比例目标细胞时,所花费的时间更多。如果待分析的样品较多,目标细胞比例较低时,就可以选择中速或者高速分析;如果待分析的样品较少,时间不是主要考虑因素时,尽量选择低速分析,确保得到可靠的数据。

4.9.2　流式分选速度控制

流式分析需要的时间比较短,其速度的控制并不十分重要,而流式分选耗时较长,常以小时为单位,而且流式分选后的细胞还需要进行后续功能检测和分析等。所以,分选后细胞的活力就尤其重要,分选的时间直接关系到分选后细胞的活力。分选耗时越短,分选得到的细胞的活力就越好。所以,流式分选时分选速度的控制非常重要,分选速度提高一倍,分选时间就节省一半,可以得到活力更好的细胞。

分选型流式细胞仪的理论最高分选速度由喷嘴打点的频率决定,如某流式细胞仪的打点频率为10万点/s,即喷嘴每秒能够振动10万次,那么每秒能够从可见液流中产生10万个新的液滴。理论上每个新生液滴中包含一个细胞,则10万个新生液滴中共有10万个细胞,该仪器的理论最高分选速度为10万个细胞/s。但是在实际情况下,细胞不可能完全平均地分配到新生液滴中,有的液滴中可能没有细胞,而有的液滴中可能不止一个细胞,所以用理论最高分选速度分选时,多个细胞共存于一个液滴的概率会很高,在实际分选中最好不要用理论最高分选速度进行细胞分选。

流式分选速度控制除了与理论最高分选速度有关外,还与分选模式有关,不同分选模式根据不同的原则控制分选速度。用纯化模式进行分选时,分选速度不应超过理论最高分选速度的50%,否则目标细胞与非目标细胞共存于一个液滴的概率很高,由于纯化模式下含有非目标细胞的液滴不会被分选,分选的得率会降低,所以为了保证分选得率,分选速度一般不应超过理论最高分选速度的50%。

用富集模式进行分选时,分选速度一般不应超过理论最高分选速度的80%。虽然此时目标细胞与非目标细胞共存于一个液滴的概率会很高,但是该模式下此液滴也会被分选,不会影响分选的得率。理论上分选速度再高,富集模式下所有的目标细胞都是会被分选,分选的得率都是100%。在富集模式下,分选的纯度虽不是首要考虑的问题,但分选速度太高时,目标细胞与非目标细胞共存于一个液滴的概率会提高很多,非目标细胞掺入的概率就会相应增加。所以在富集模式下,为了保证分选的纯度在一定范围内,分选速度一般不应超过理论最高分选速度的80%。

如果选择单细胞模式进行分选,分选速度一般不应超过理论最高分选速度的30%,而且此时细胞样品的浓度也应适当降低。用单细胞模式进行分选时,分选后的细胞不会太多,分选所需要的时间一般也都较短,所以不必要求用高速度分选,用低浓度低速分选就可以了。

表4-10简单概括了在不同分选模式下分选速度的控制原则。当然,以上分选速度的控制只是一般原则,用户应该根据具体情况具体分析,结合不同分选型流式细胞仪的特点,自己总结分选速度控制的原则,在保证分选纯度和得率的条件下,在最短的时间内完成分选,保证分选后细胞的活力,为细胞后续功能研究奠定基础。

表4-10　不同分选模式下分选速度控制原则表

分选模式	分选速度控制	目的
纯化模式	不超过理论最高分选速度的50%	保证分选得率
富集模式	不超过理论最高分选速度的80%	保证分选纯度
单细胞模式	不超过理论最高分选速度的30%	保证分选得率和纯度

4.10　分选设门基本原则

分选设门就是在流式图上圈出所要分选的目标细胞的过程,分选型流式细胞仪根据流式图上设门的信息,在分选过程中判断细胞是目标细胞还是非目标细胞。理论上,流式细胞仪能够分选出任何设门的细胞,但是,实际情况下分选得到的细胞可能与设的门不相符合。如何避免这个差异,就需要操作者掌握分选设门的基本原则,真正理解产生这个差异的原因,应用到以后的分选过程中,做到设门与实际分选得到的细胞一致。

要做到正确的设门,首先需要真正理解流式图。流式分析者应该用"群体性"的概念去理解流式图所代表的细胞。以最为常用的散点图为例,分析者应该将散点图上的细胞分为若干个群体,分析细胞群各自代表的是什么类型的细胞,而不应只关注散点图上的某个点。从单个细胞角度分析,流式图上的信息与这个细胞的真实数据是有差距的,当激光照射到该细胞时,可能因为该细胞不是处于可见液流的正中央、该细胞受到水流的作用处于不规则状态,或者激光刚好照射到细胞表面的抗原分子的集中点等原因,导致这个细胞的流式数据与其真实情况不符,流式数据可能偏大或偏小。但是从细胞整体分析,发生这种情况的可能性不是很大,大多数的流式数据与真实情况较为相符或者相差不大,从概率分布角度分析,流式数据应该是以细胞真实数据为中心的正态分布。所以,散点图x轴和y轴表示的两个抗原分子分布相同的细胞群在两个数轴上都是正态分布的,表现在散点图上就是一个圆,圆心代表的就是这群细胞的真实数值,越靠近圆心,细胞越密集,越在周边,细胞越稀少。所以,散点图中代表细胞群的圆内,虽然代表细胞的点可能位于该圆内的不同位置,但是不同位置的这些点所代表的细胞表达两个荧光通道所代表的抗原分子是相同的,并不存在抗原表达量上的差异,这种流式图上的差异不是由抗原量的不同造成的,而是由流式分析的误差造成的。

真正理解了流式图的细胞群体概念,就可以理解分选设门是以细胞群体为基础,而不是以单个细胞为基础的。在散点图上识别细胞群体比较简单,细胞群体就是以圆心为中心呈现放射状分布的圆,越靠近圆心细胞越多,远离圆心细胞越少,如果需要分选这群细胞,就应该将这群细胞都圈在内。

如图4-11所示,要分选流式图右侧的阳性细胞群,图4-11A所示为正确的设门方法,分选后如图4-11F所示。如果以其他4种方式设门,最后得到的结果也与"设门1"所得到的图一样,而不是将该细胞群的上1/3设门,分选得到的细胞在流式图上的形状就应该是上1/3的形状,因为在这个代表细胞群的圆内,其实每个细胞x轴和y轴所代表的抗原量都是相同的,上1/3与下2/3在本质上并没有区别,所以最后得到的细胞还是整个细胞群。"设门1"和其他设门方法分选后得到的是同一群细胞,但是其他设门方法得到的细胞量明显少于"设门1"。

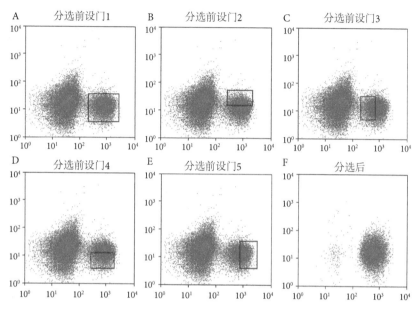

图4-11 分选设门基本原则图示

所以,流式分选设门的基本原则就是分选设门应以细胞群体为基础,只有在正确识图的基础上,明确流式图内的细胞群,才能正确设门,避免分选得到的细胞与设的门不相符合的情况出现。

4.11 流式分选基本步骤

本节以Moflo XDP分选型流式细胞仪为例,简要介绍流式分选的基本步骤,不同型号仪器的操作方法可能有所差异,实际操作时需相应调整。

一般操作步骤:

(1) 将样品制备成单细胞悬液,尽量减少死细胞、细胞碎片和小颗粒性物质的比例。

(2) 荧光素偶联抗体标记样品细胞,4℃静置30min。标记样品细胞的同时可以开始调节流式细胞仪。

(3) 开启空气压缩机和负压泵,开启液流系统,然后"打点"可见液流(开启喷嘴振荡器)。

(4) 开启激光器,调节激光光路,使激光正好穿过可见液流的正中央,保证最为理想的激光激发状态。

(5) 调节液滴延迟(dropdelay),保证仪器对于液滴的处理能够正确作用到相应液滴上。

(6) 上样75%乙醇,保证上样管道处于无菌状态,消毒接收仓(可用酒精喷洒消毒),保证接收仓内环境也处于无菌状态。

(7) 上样用于设置阴性对照的样品细胞,列出所需的各种流式图,根据阴性对照的荧光结果标定各荧光通道的阴阳性界线。

(8) 上样标记有荧光素偶联抗体的用于分选的样品细胞,得到流式结果。然后暂停上样,根据得到的流式结果,在流式图上圈出需要分选的细胞,并设定各自分选的模式和使用哪一路进行分选。

(9) 用含有血清的培养基润湿接收管,并留少量的培养基于接收管中,保证在接收过程中能对分选的细胞起到缓冲作用,防止因机械碰撞损伤细胞。然后将该接收管置于接收仓中的相应位置用于接收分选的细胞。

(10) 重新上样,开始分选。分选时注意接收管的状态,随时准备用新的接收管替换已满的接收管。

(11) 如果分选型流式细胞仪配备有温控系统(或者冷却系统),在分选过程中可以开启此系统,保证分选过程中样品细胞和接收管中的细胞均保持在4℃,以尽量保证分选后得到的细胞的活力。

参考文献

Chattopadhyay PK, Hogerkorp CM, Roederer M. 2008. A chromatic explosion: the development and future of multiparameter flow cytometry. Immunology, 125(4): 441-449

Chattopadhyay PK, Price DA, Harper TF, et al. 2006. Quantum dot semiconductor nanocrystals for immunophenotyping by polychromatic flow cytometry. Nat Med, 12: 972-977

Chattopadhyay PK, Yu J, Roederer M. 2007. Application of quantum dots to multicolor flow cytometry. Methods Mol Biol, 374: 175-184

Giroux M, Denis F. 2004. Influence of calcium ions in the flow cytometric analysis of human CD8-positive cells. Cytometry A, 62: 61-64

Hristov M, Schmitz S, Schuhmann C, et al. 2009. An optimized flow cytometry protocol for analysis of angiogenic monocytes and endothelial progenitor cells in peripheral blood. Cytometry A, 75(10): 848-853

Hulspas R, O'Gorman MR, Wood BL, et al. 2009. Considerations for the control of background fluorescence in clinical flow cytometry. Cytometry B Clin Cytom, 76(6): 355-364

Maecker HT, Trotter J. 2006. Flow cytometry controls, instrument setup, and the determination of positivity. Cytometry A, 69: 1037-1042

Monton H, Nogues C, Rossinyol E, et al. 2009. QDs versus Alexa: reality of promising tools for immunocytochemistry. J Nanobiotechnology, 7: 4

Perfetto SP, Chattopadhyay PK, Lamoreaux L, et al. 2006. Amine reactive dyes: an effective tool to discriminate live and dead cells in polychromatic flow cytometry. J Immunol Methods, 313: 199-208

Roederer M. 2001. Spectral compensation for flow cytometry: visualization artifacts, limitations, and caveats. Cytometry, 45: 194-205

Tung JW, Heydari K, Tirouvanziam R, et al. 2007. Modern flow cytometry: a practical approach. Clin Lab Med, 27(3): 453-468

Tung JW, Parks DR, Moore WA, et al. 2004. New approaches to fluorescence compensation and visualization of FACS data. Clin Immunol, 110(3): 277-283

流式分析术的应用

　　本章将具体介绍流式分析的各种应用，尤其是在免疫学研究上的应用，包括细胞群比例测定、表型测定、细胞因子检测、细胞增殖、细胞凋亡、细胞周期、细胞杀伤能力、细胞吞噬功能、细胞内活化的激酶、基因表达、微生物学检测、钙相关分子的检测、表观遗传学相关检测、缝隙连接介导的细胞通讯、细胞内pH和钠氢转运体活性的检测以及其他应用共十六个部分。研究者可以根据自己实验的具体要求，参照流式分析的具体应用，利用流式细胞术完成实验。本章选择了笔者所在的研究所发表的6篇文章作为"引文"，选择其中的某些图作为本章相关小节的例子以帮助读者更好地理解流式分析的各个方面的具体应用，引文的相关信息和摘要请参见本章"参考文献"之前的"引文目录"。

5.1 细胞群比例测定

　　测定某细胞群体或者细胞亚群的比例是流式细胞术最基本最简单的应用。完成细胞群比例测定需要解决两个问题：第一个问题是要明确总体是什么，如要测定CD4 T细胞的比例，就首先要明确这个比例是相对于哪一个总体，是占所有T细胞的比例，还是占所有淋巴细胞的比例，或者是占所有样品细胞的比例，总体是根据实验具体要求决定的；第二个问题是要明确这个细胞群体的特征表型，即要明确这个细胞群体相对于总体内的其他细胞具有或者缺少哪个或者哪些特征性的抗原，利用该抗原的相应荧光素偶联抗体，就可以进行比例测定。

　　目前很多细胞群体的特征表型都已明确，见表5-1，如免疫细胞的特征表型是CD45，T细胞的特征表型为CD3，T细胞又可以进一步分为两群，即CD4 T细胞和CD8 T细胞，B细胞的特征表型为CD19、CD20或者B220(CD45R)，C57BL/6品系小鼠NK细胞的特征表型为NK1.1，人NK细胞的特征表型为CD56。以上细胞群可以用单个特征表型区别于其他细胞，而有些细胞需要两个或者两个以上的表型来区别，如需要测定调节性T细胞的比例，则需要CD4和CD25这两个抗原来识别；如需要测定小鼠髓系来源抑制性细胞(myeloid-derived suppressor cell, MDSC)，则需要Gr-1和CD11b这两个抗原来共同识别。

表5-1　细胞群体特征表型表

细胞群体	特征表型
造血干细胞	$Lin^-CD34^+CD38^-$(人)、$Lin^{-/lo}Sca\text{-}1^+CD117^+$(小鼠)
免疫细胞	$CD45^+$
T细胞	$CD3^+$
CD4 T细胞	$CD3^+CD4^+$
CD8 T细胞	$CD3^+CD8^+$
初始T细胞	$CD44^{low}CD62L^{high}$
调节性T细胞	$CD4^+CD25^+Foxp3^+$
B细胞	$CD19^+$或者$CD20^+$或者$B220(CD45R)^+$
NK细胞	$NK1.1^+$(小鼠C57BL/6品系)、$DX5^+$(小鼠)、$CD56^+$(人)
NKT细胞	$CD3^+TCR\beta^+$

续表

细胞群体	特征表型
单核细胞	CD14$^+$
巨噬细胞	CD11b$^+$、F4/80$^+$(小鼠)
中性粒细胞	Gr-1$^+$CD11b$^+$(小鼠)、CD11b$^+$CD15$^+$(人)
树突状细胞	CD11c^{high}MHC II$^+$
髓系来源抑制性细胞	Gr-1$^+$CD11b$^+$(小鼠)

有些研究者可能会纠结于标记CD4 T细胞时是否还需要标记CD3,答案是否定的。有些研究者可能会提出CD4并不是CD4 T细胞特有的,其他的细胞比如树突状细胞和巨噬细胞等都可能表达CD4。但是,流式细胞术除了分析荧光信号外,还可以分析FSC和SSC散射光信号。相比于包括树突状细胞和巨噬细胞在内的很多其他的细胞,包括T细胞、B细胞和NK细胞的淋巴细胞体积较小,细胞颗粒度也较小,在FSC-SSC散点图中能够明显分群,所以,在分析CD4 T细胞时,首先在FSC-SSC散点图中将淋巴细胞群设门,然后根据标记的CD4流式抗体就可以进一步研究分析CD4 T细胞了,并不需要额外再标记CD3流式抗体。当然这只是一般情况,淋巴细胞群中CD4阳性细胞并不一定都是CD4 T细胞。肝脏单个核细胞的淋巴细胞群内还含有较高比例的NKT细胞,而部分NKT细胞同时也表达CD4,所以,在分析肝脏内的CD4 T细胞时,需要注意与NKT细胞的区分,如果是C57BL/6小鼠,可以再标记NK1.1流式抗体,那么CD4$^+$NK1.1$^+$的细胞就是CD4 NKT细胞,而CD4$^+$NK1.1$^-$的细胞就是CD4 T细胞。实际上,脾脏和淋巴结内也含有CD4阳性的NKT细胞,只是比例相当低,可以忽略不计而已。

明确了总体和细胞群体的特征表型,测定细胞群体或者亚群的比例就比较简单了,先将总体设门,即将总体的所有细胞显示于一张流式图上,根据细胞群的特殊表型圈出该细胞群,就可以得出比例。

例1:

图5-1引自[引文1],作者要检测荷瘤小鼠体内MDSC的比例。总体是正常小鼠或者荷瘤小鼠脾脏和肝脏的单个核细胞(MNC),需要检测的细胞群MDSC的标志性表型为CD11b$^+$Gr-1$^+$。

图 5-1A显示的是Hepa原位肝癌模型小鼠与正常小鼠相比,脾脏和肝脏MNC内MDSC的比例变化。从图中可以看出,正常小鼠脾脏MNC内MDSC的比例为4.9%,而Hepa原位肝癌模型小鼠脾脏MNC内MDSC的比例上升至26.3%;正常小鼠肝脏MNC内MDSC的比例为5.5%,而Hepa原位肝癌模型小鼠肝脏MNC内MDSC的比例上升至49.3%。说明Hepa肿瘤能够诱导MDSC在脾脏和肝脏内的聚集。

图 5-1B显示的是处于不同时期的Hepa原位肝癌模型和3LL原位肺癌模型脾脏MNC中MDSC的比例变化。选择4个时间点,原位种植肿瘤细胞后0天(正常小鼠)、7天、14天和21天。从图中可以看出,Hepa原位肝癌模型中,脾脏MNC中MDSC的比例在这4个时间点分别为5.9%、18.5%、25.4%和32.7%,且呈逐渐上升的趋势;3LL原位肺癌模型中,脾脏MNC中MDSC的比例分别为4.3%、18.2%、23.1%和37.2%,呈逐渐上升趋势。说明随着肿瘤的进展,肿瘤诱导的MDSC这群细胞在脾脏内聚集越来越多。

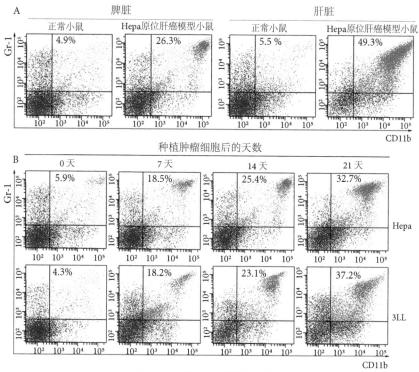

图5-1 细胞群比例测定举例1

例2:

图5-2引自[引文2],作者需检测不同肿瘤模型、不同脏器内CD69⁺CD4⁺这群新的细胞亚群的比例情况。作者流式分析不同肿瘤模型、不同脏器中的MNC(单个核细胞悬液),将FSC-SSC散点图内淋巴细胞群中的CD4 T细胞设门,作为计算比例的"总体"显示于图中,圈出CD69阳性的细胞为CD69⁺CD4⁺这群新的细胞亚群,就可以得到CD69⁺CD4⁺ T细胞占CD4 T细胞的比例。

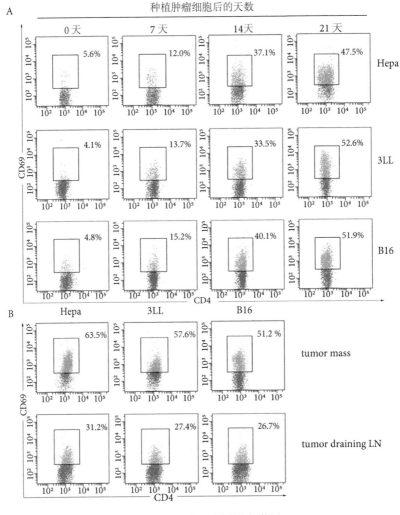

图5-2　细胞群比例测定举例2

图5-2A所示的是Hepa原位肝癌模型小鼠(第一行)、3LL原位肺癌模型小鼠(第二行)和B16皮下黑色素瘤模型小鼠(第三行)在第0天(未种植肿瘤的正常小鼠),第7天(原位种植肿瘤细胞7天后),第14天和第21天脾脏内CD69$^+$CD4$^+$细胞亚群占CD4 T细胞的比例变化。从图中可以看出,随着肿瘤的进展,荷瘤小鼠脾脏内CD69$^+$CD4$^+$细胞亚群占CD4 T细胞的比例呈现明显上升的趋势,比例从正常小鼠的5%左右上升到晚期荷瘤小鼠的50%左右。

图5-2B所示的是晚期Hepa原位肝癌模型小鼠(第一列)、3LL原位肺癌模型小鼠(第二列)以及B16皮下黑色素瘤模型小鼠(第三列)肿瘤组织(第一行)和肿瘤引流淋巴结(第二行)MNC中CD69$^+$CD4$^+$细胞亚群占CD4 T细胞的比例。从图中可以看出,晚期荷瘤小鼠肿瘤组织内CD69$^+$CD4$^+$细胞亚群占CD4 T细胞的50%以上,而引流淋巴结内比例在30%左右。说明荷瘤小鼠体内不仅在脾脏中,而且在肿瘤组织和引流淋巴结内都有很高比例的CD69$^+$CD4$^+$细胞亚群。

从图5-2中可以看出,这群新的CD69$^+$CD4$^+$细胞亚群是由肿瘤所诱导的,随着肿瘤的进展其比例不断上升,而且这群细胞亚群的存在有其普遍性,不仅有模型的普遍性(在检测的三种肿瘤模型中都有分布),而且有脏器的普遍性(在脾脏、肿瘤组织和引流淋巴结内都有分布)。

例3:

图5-3引自[引文3],作者要检测李斯特菌(*Listeria monocytogenes*)感染小鼠后的不同时间点脾脏内CD8 T细胞表达CD11c的情况,也就是检测CD11c$^+$CD8$^+$ T细胞的比例随着小鼠李斯特菌感染的进程的变化情况。作者流式分析李斯特菌感染后不同时间点的脾脏单细胞悬液,将FSC-SSC散点图的淋巴细胞群中CD8 T细胞设门,作为计算比例的"总体"显示于流式散点图中,就可以得到CD11c$^+$CD8$^+$细胞亚群占总CD8 T细胞的比例。

从图中我们能够发现正常情况下(0天),脾脏CD8 T细胞基本不表达CD11c这一抗原分子,当小鼠感染李斯特菌之后,脾脏内的CD8 T细胞表达CD11c的比例开始上调,于感染的第8天达到最高,比例约

62.9%,然后迅速下降并且维持在10%左右,说明李斯特菌感染能够诱导脾脏内的CD8 T细胞表达CD11c。仔细观察还能够发现在感染的第8天出现了CD11c高表达的CD8 T细胞亚群,这个新的亚群在其他时间段均没有出现,要想得到这一亚群占CD8 T细胞的比例,只需圈出这部分细胞即可。发现了这一新的亚群后,作者对其开展了进一步的研究,最后发现这一细胞亚群是一新型的CD8调节性T细胞。

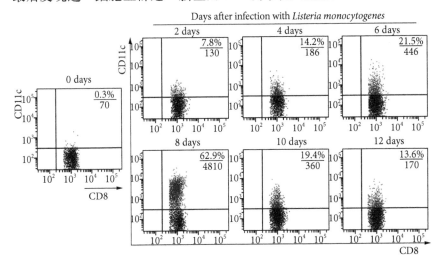

图 5-3　细胞群比例测定举例 3

用CD3、CD4或CD8等表型检测的是所有的T细胞,而利用近年来发展的MHC-多肽四聚体(tetramer)可以直接检测机体生理状态或者病理状态下的某抗原特异性T细胞的比例。其中选择四聚体要格外注意,除了需要考虑最重要的特异性多肽外,还需要考虑MHC的类型,因为MHC具有个体差异,如果实验对象是小鼠,就需要根据小鼠不同的品系选择不同的MHC;如果实验对象是人,则需要先通过检测确定该对象的HLA类型,然后才能选择设计具有针对性的四聚体。检测抗原特异性CD8 T细胞时选用荧光素偶联的MHC I类分子-多肽四聚体,此时只需多标记一个荧光素偶联抗CD8荧光抗体,将CD8阳性细胞设门作为总体,就可以得出抗原特异性CD8 T细胞的比例,此比例比较低,一般都低于1%;检测抗原特异性CD4 T细胞时选用荧光素偶联的MHC II类分子-多肽四聚体,此时只需多标记一个荧光素偶联抗CD4荧光抗体,将CD4阳性细胞设门作为总体,就可以得出抗原特异性CD4 T细胞的比例,需注意生理状态下此比例非常低,通常低于0.01%,一般流式检测无法达到这个灵敏度,所以在检测前通常用特异性抗原免疫小鼠或者检测病理状态下的患者,此时该抗原特异性CD4 T细胞因克隆扩增其比例会大幅度提高,才有可能被检测到。此外,这种形式的四聚体也可以用于检测invarriant NKT(iNKT)细胞,先用CD1d-αGalCer四聚体孵育目标细胞,然后用荧光素偶联的抗该四聚体的流式抗体标记目标细胞,就可以检测iNKT细胞。

5.2　表型测定

表型就是某种细胞或者细胞亚群表达一些重要的抗原分子的情况,明确细胞表达这些抗原分子的情况就可以从一定程度上判断这群细胞的某些特征,而且也可以从一定程度上判断这群细胞的功能状态。尤其是在研究一种新的细胞或者细胞亚群时,该细胞的表型测定是研究的常规要求。

表型测定也需要解决两个问题:第一个问题是要明确测定哪个细胞群或者细胞亚群的表型,明确这个细胞群或者亚群的特征表型,然后标记该特征表型的荧光素偶联抗体;第二个问题是要明确需要测定哪个或者哪些表型,同时标记需要测定的这些表型的荧光素偶联抗体。如果需要测定的表型比较多,可以多准备几份样品,一份样品测定一个或者两个表型。

测定表型时先根据细胞群或者细胞亚群的特征表型设门,将其显示于一个流式图上,流式图的一个轴代表其中一个需要测定的表型的荧光信息,圈出表型阳性的细胞或者计算平均荧光强度(mean fluorecence intensity, MFI),就可以得出这群细胞或者细胞亚群表达该抗原分子的情况。

大多数的表型分子都位于细胞的表面,所以标记这些位于细胞表面的抗原分子的荧光素偶联抗体时只需直接将抗体加入到样品细胞中即可。但有些表型分子不是位于细胞的表面,而是位于细胞的内部,如调节性T细胞的标志性转录因子Foxp3、结合核酸类配体的TLR受体、与HIV病程密切相关的谷胱甘肽(glutathione, GSH)等。标记这些位于细胞内部的表型分子时,就不能直接将荧光素偶联抗体加入到样品细胞中,因为这些抗体无法直接进入活细胞内部,就不能与抗原分子直接结合,因此应先将细胞固定,用打孔剂在细胞膜上打孔后,再加入荧光素偶联抗体,此时抗体就可以通过细胞膜上的小孔进入细胞内部与细胞内的抗原分子结合。标记细胞内部抗原分子的方法与胞内染色法检测细胞因子的标记方法类似,具体标记方法可以参见5.3.1。

例1:

图5-4引自[引文4]。图5-4A显示的是不同发育阶段NK细胞表达CD11b这个重要表型分子的情况。作者将5张直方图的5个信息集合到一张直方图内,以便更加直观地表达作者所要表达的信息。灰色图为阴性对照,作者选用的是标准的同型对照(isotype),作为阴阳性的界线以判断不同发育阶段的NK细胞CD11b阳性的比例。绿色部分是测定NK细胞前体的CD11b表型的结果,NK细胞前体的标志为Lin⁻CD122⁺NKG2D⁺NK1.1⁻,绿色图与同型对照图基本重合,说明NK细胞前体基本不表达CD11b。橘黄色部分是测定未成熟NK细胞CD11b表型的结果,不成熟NK细胞的标志为CD3⁻NK1.1⁺DX5⁻,相对于同型对照,约50%的不成熟NK细胞表达CD11b。红色部分是成熟NK细胞表达CD11b表型的结果,成熟NK细胞的标志为CD69⁻CD43⁺CD3⁻DX5⁺,相对于同型对照,绝大多数的成熟NK细胞表达CD11b,而且其表达的峰度明显强于未成熟的NK细胞(即成熟NK细胞表达CD11b的量要明显多于未成熟NK细胞)。蓝色部分是活化的NK细胞表达CD11b表型的结果,活化NK细胞的标志为CD69⁺CD3⁻DX5⁺,相对于同型对照,几乎所有的活化的NK细胞表达CD11b,而且其表达的峰度最强。综上所述,可以得出以下结论:随着NK细胞的发育成熟至活化,CD11b的表达呈持续上升的趋势,从NK细胞前体不表达这个表型到活化的NK细胞几乎100%表达。

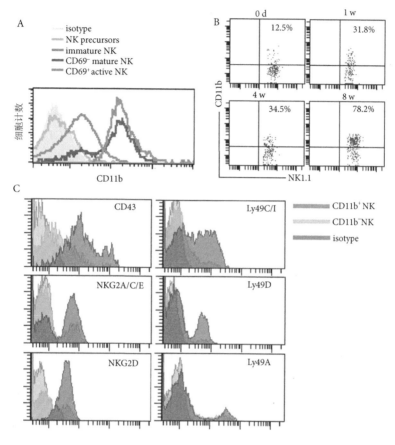

图 5-4   表型测定举例 1

图 5-4B 显示的是作者测定不同周龄小鼠 NK 细胞表达 CD11b 的情况。用 NK1.1 标记 NK 细胞,将 NK1.1 阳性的细胞设门显示于散点图上,这时该散点图上显示的都是 NK 细胞,而散点图的 y 轴表示 CD11b 的表达情况,横线是阴阳性界线。从图中可以看出,刚出生小鼠(0 天)NK 细胞有 12.5%表达 CD11b,出生 1 周后有 31.8%表达,4 周有 34.5%,而到 8 周则上升到 78.2%,说明小鼠体内的 NK 细胞随着小鼠的成长其表达 CD11b 也呈逐渐上升的趋势。

图 5-4C 显示的是作者测定 CD11b$^+$ NK 细胞和 CD11b$^-$ NK 细胞这两个细胞亚群表达 CD43、Ly49C/I、NKG2A/C/E、Ly49D、NKG2D 和 Ly49A 这 6 个表型的情况。CD11b$^+$ NK 细胞的标志为 CD11b$^+$NK1.1$^+$,

CD11b¯ NK细胞的标志为CD11b¯NK1.1⁺。此图与图5-3A相似,也是多张直方图组合而成的一张复合图,以便更加直观地说明问题,每张图结合同型对照,显示CD11b⁺ NK细胞和CD11b¯ NK细胞表达相应表型的流式分析结果。灰色图为同型对照的结果,作为阴性对照提供阴阳性界线,红色图为CD11b⁺ NK细胞表达某种表型的结果,绿色图为CD11b¯ NK细胞表达某种表型的结果。从图中可以看出,CD11b⁺ NK细胞表达这6个表型分子都不同程度的强于CD11b¯ NK细胞。

例2:

图5-5引自[引文1],作者需要检测荷瘤小鼠脾脏内NK细胞表达NKG2D表型的情况。NK细胞的标志表型为NK1.1,将NK1.1阳性的细胞设门显示于图中的散点图,圈出NKG2D阳性的细胞,就可以计算NK细胞表达NKG2D的情况。图5-5显示的是Hepa原位肝癌模型和3LL原位肺癌模型小鼠在第0天(即未种植肿瘤的正常小鼠),第7天(即原位种植肿瘤细胞7天后),第14天和第21天脾脏内NK细胞表达NKG2D的变化情况。从图中可以看出,随着肿瘤的进展,脾脏内NK细胞表达NKG2D的比例显著下调,晚期荷瘤小鼠从正常的50%左右下降到5%左右。NKG2D是NK细胞的主要活化性受体,其表达的高低直接关系到NK细胞的杀伤活性,所以此流式结果提示随着肿瘤的进展,脾脏内NK细胞的杀伤功能也随之显著下降。

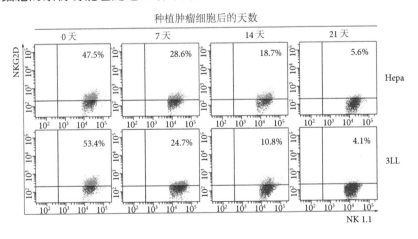

图5-5 表型测定举例2

例3:

图5-6引自[引文2],作者需要检测荷瘤小鼠脾脏内CD69⁺CD4⁺ T细胞的表型,以CD69⁻CD4⁺ T细胞作为对照,主要检测CD25、CD122、Foxp3三个抗原分子。检测两群细胞亚群的表型,根据CD69是否表达将CD4 T细胞分为两群,将CD69阳性的CD4 T细胞设门显示于各组左侧的散点图,将CD69阴性的CD4 T细胞设门显示于各组右侧的散点图,圈出各表型分子阳性的细胞,就可以计算出各自表型的表达情况。

图5-6A显示的是细胞表达CD25和CD122的情况。CD25是IL-2受体的α链,CD122是IL-2受体的β链。经典的调节性T细胞的表型为CD4⁺CD25⁺,从图中可以看出,与经典调节性T细胞不同,这群新的调节性T细胞基本不表达CD25,却高表达CD122。

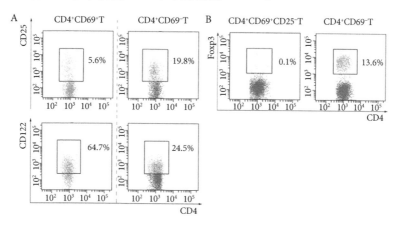

图5-6　表型测定举例3

图5-6B显示的是测定两群细胞Foxp3的表达情况。Foxp3是经典调节性T细胞标志性的转录因子,与一般的表型抗原分子不同,Foxp3位于细胞内,所以检测时,首先必须固定细胞,打孔后再标记荧光素偶联抗Foxp3抗体。从图中可以看出,CD69⁻CD4⁺ T细胞表达13.6%的Foxp3,但是这群新的调节性T细胞基本不表达Foxp3,从而进一步说明其与经典调节性T细胞的区别。

例4:

图5-7引自[引文3],为了研究CD11c的表达与CD8 T细胞功能的

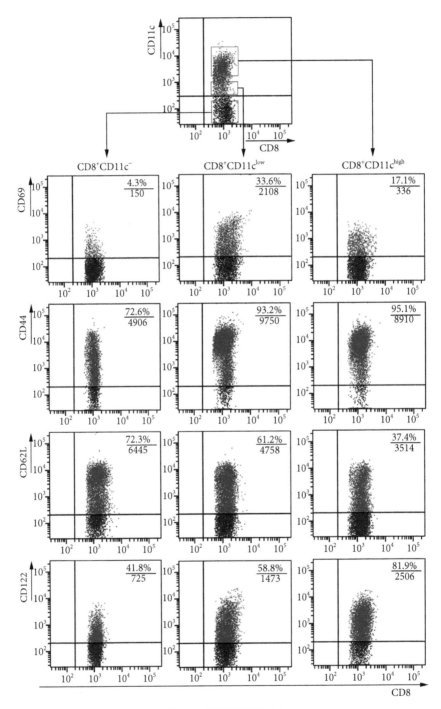

图 5-7　表型测定举例 4

相关性,作者根据CD11c的表达情况,将李斯特菌感染第8天小鼠脾脏内的CD8 T细胞分为了CD11c阴性、CD11c低表达和CD11c高表达的3个细胞亚群,只需用不同荧光素偶联的抗CD8抗体和抗CD11c抗体标记脾脏细胞,然后在FSC-SSC散点图中设门淋巴细胞群,再设门CD8 T细胞群显示于新的CD8-CD11c散点图中,如图5-7所示,根据CD11c的表达情况分别设门这3个细胞亚群,最后分别分析这3个细胞亚群表达CD69、CD44、CD62L和CD122这4个与T细胞的功能密切相关的表型分子。

从图中可以看出,$CD11c^{low}CD8^+$ T细胞与$CD11c^{high}CD8^+$ T细胞之间表达CD44和CD62L没有明显的差异,但是,$CD11c^{high}CD8^+$ T细胞相对高表达CD122,低表达CD69;而$CD11c^{low}CD8^+$ T细胞则相对低表达CD122,高表达CD69,说明这2个细胞亚型具有不同的表型,提示可能发挥不同的功能。的确,进一步的功能研究表明$CD11c^{low}CD8^+$ T细胞是经典的活化的CD8 T细胞,而$CD11c^{high}CD8^+$ T细胞是新型的CD8调节性T细胞。

5.3　检测细胞因子

细胞因子(cytokine)是免疫细胞或者非免疫细胞合成和分泌的具有多种生物活性的低分子质量的多肽或蛋白质,分子质量一般在6~60kDa。细胞因子的合成具有多源性,即不同的细胞能够合成和分泌同一种细胞因子;其作用具有多向性,即同一种细胞因子可以作用于不同的细胞,发挥不同的生理功能。细胞因子一般以自分泌或者旁分泌的方式发挥作用。细胞因子根据功能可以分为6大类:白细胞介素(interleukin, IL)、干扰素(interferon, IFN)、肿瘤坏死因子(tumor necrosis factor, TNF)、集落刺激因子(colony stimulating factor, CSF)、趋化因子(chemokine)和生长因子(growth factor, GF)。

免疫细胞和一些非免疫细胞发挥功能的重要途径之一就是合成和分泌细胞因子,如Th1细胞通过分泌IL-2、IFN-γ发挥作用,Th2细胞通过分泌IL-4、IL-5、IL-13等发挥作用,调节性T细胞通过分泌IL-10和

TGF-β发挥负向调节免疫反应的作用,而新发现的Th17细胞通过分泌IL-17等发挥作用。所以,细胞因子检测对于研究细胞的功能非常重要。

　　检测细胞因子目前主要有3种方法,包括ELISA法、胞内染色法(intracellular staining assay)和CBA法,后两种就是利用流式细胞术检测细胞因子,本节将具体介绍这两种方法。

5.3.1　胞内染色法检测细胞因子

　　流式细胞术研究的对象是细胞,而细胞因子是蛋白质,所以流式细胞术不能直接检测分泌到细胞外的处于游离状态的细胞因子,但细胞因子是由细胞合成和分泌的,所以流式细胞术可以检测细胞内新合成的细胞因子,这就是胞内染色法检测细胞因子。

　　胞内染色法检测细胞因子利用的是荧光素偶联的抗细胞因子的单抗,如果细胞能够合成某细胞因子,标记该荧光素偶联抗体时,抗体与细胞因子结合,使细胞带上荧光素,在相应激光的激发下就能产生荧光信号,其原理与检测细胞表面抗原的原理相似。但是细胞因子是在细胞内部合成的,而活细胞是排斥荧光素偶联抗体的,如果直接标记,荧光素偶联抗体无法进入细胞内部与细胞因子特异性结合。所以在标记时,第一步要固定细胞,一般采用多聚甲醛,使细胞固定在一定的形状,即使细胞膜破裂细胞也能保持在这个形状而不发生碎裂;第二步,需要用打孔剂在细胞膜上打孔,同时加入荧光素偶联抗体,使抗体能够通过细胞膜上人为的小孔进入细胞内部与细胞因子结合。检测位于细胞内部的表型抗原分子时也是采用这个方法。

　　与位于细胞内的表型抗原分子不同的是,细胞因子合成后经高尔基体处理后将主动分泌到细胞外,位于细胞内的细胞因子的量很少,一般无法达到流式分析检测的最低标准。所以,虽然细胞一直在合成细胞因子,但是由于细胞因子分泌性表达,所以,流式检测可能得到假阴性的结果。为了能够让细胞内细胞因子的含量达到流式检测的标准,可以利用高尔基体阻断剂阻断细胞因子的分泌,而不影响细胞因子的合成,从而让合成的细胞因子储存在细胞内,达到流式检测的标准。高尔基体阻断剂也称为蛋白转运抑制剂,用于流式细胞术胞内染色法检测细胞因子的高尔基体阻断剂主要有布雷菲德菌素A(brefeldin A,BFA)和莫能菌素(monensin)。相比较而言,BFA更常用,因为BFA比莫能菌素抑制效果更强,更有效,对于细胞的毒性也更低。要让细胞能够正常地合成细胞因子就必须将细胞置于正常培养状态下,让细胞处于适当的培养基中,并置于孵箱中($37℃$,5%的CO_2),同时加入BFA阻断细胞因子的分泌。BFA具有一定的细胞毒性,加入BFA的时间需要严格控制,时间太短,细胞内储存的细胞因子量可能无法达到检测的标准;时间太长,细胞可能死亡,影响实验结果。一般情况下,加入BFA的时间为6h,超过6h可能会对细胞产生毒副作用。另外,需要注意的是高尔基体阻断剂的效果与所阻断的细胞因子的种类是密切相关的,比如莫能菌素就不能阻断IL-4的分泌[Vicetti et al, 2012],所以,在检测Th2细胞时就不能用莫能菌素,而应选择BFA。胞内染色法检测IL-10相比于检测其他细胞因子都要难,研究者可能会遇到ELISA法能够明确检测到细胞分泌IL-10,但是胞内染色法就是检测不到,这很可能与高尔基体阻断剂有关,有研究就发现加入莫能菌素后检测到的IL-10阳性的细胞的比例反而更低,而缩短体外培养的时间反而有利于胞内染色法检测IL-10[Muris et al, 2012]。所以,胞内染色法检测细胞因子时需要注意培养和刺激的条件,遇到像IL-10这样的情况,可以试图改变检测条件,摸索最优的检测条件。

方法:

(1) 将不同处理组的样品细胞置于培养板中,加入适当的培养基和各种处理,置于孵箱中($37℃$,5%的CO_2)培养。

(2) 在培养结束前6h,加入BFA,仍将细胞置于孵箱中,使新合成的细胞因子储存于细胞内。

(3) 收集培养板中的样品细胞,用PBS洗涤一次,取适量细胞重悬于0.5ml Eppendorf管中。

(4) 将需要标记的表面抗原的荧光素偶联抗体加入样品细胞悬液中,充分混匀,4℃静置30min。

(5) PBS洗涤一次,洗去游离的未标记上的抗体。用细胞固定剂

(如200μl的4%多聚甲醛)重悬细胞,室温静置20min,充分固定细胞。

(6) 加入等量(200μl)的打孔剂,充分混匀,离心一次,弃上清。

(7) 用适量(20~50μl)的打孔剂重悬沉淀,然后加入需要检测的细胞因子的荧光素偶联抗体,充分混匀,4℃静置70min,边打孔边标记。

(8) PBS洗涤一次,洗去游离的抗体。用200μl的流式PBS重悬沉淀,将样品细胞置于流式管中,即可上样分析。

注意标记表面抗原的荧光素偶联抗体必须在固定之前,如果在固定打孔后与荧光素偶联的抗细胞因子抗体同时标记,很可能会因为固定改变细胞表面相应抗原分子的结构而无法标记上,从而得到假阴性的结果。比如要检测Th17占CD4 T细胞的比例,首先标记荧光素偶联抗CD4抗体,然后固定打孔,最后再标记荧光素偶联抗IL-17抗体。此外,当用多聚甲醛固定细胞后,细胞已经死亡,所以不能用7AAD来区分死细胞和活细胞,因为此时所有的细胞都是7AAD阳性的。胞内染色法检测细胞因子只能用于流式分析,不适用于流式分选,即使进行分选,分选得到的细胞也都是死细胞,无法进行后续研究。

一般情况下,直接来源于体内的或者在体内诱导产生的具有分泌某细胞因子能力的细胞在体外培养时由于所处环境的改变很可能不再分泌该细胞因子,此时就需要用刺激剂刺激这些细胞继续合成细胞因子,同时加入BFA,使合成的细胞因子储存于细胞内,达到胞内染色检测细胞因子的浓度阈值。常用的刺激剂是PMA(25ng/ml)和离子霉素(ionomycin,1μg/ml)。PMA和离子霉素只是刺激剂,并非是活化剂,它们只能刺激原来就具有合成该细胞因子能力的细胞继续合成分泌这些细胞因子,而不能使原来没有该能力的细胞获得这种分泌细胞因子的能力。比如检测某模型小鼠脾脏内CD4 T细胞中Th17细胞的比例,需要胞内染色法检测CD4 T细胞中分泌IL-17的细胞的比例,首先就需要将该模型小鼠的脾脏细胞在体外培养24h,同时加入PMA和离子霉素,刺激其中的Th17细胞继续分泌IL-17,加入的PMA和离子霉素并不会改变该脾脏CD4 T细胞内Th17细胞的比例,然后在培养的最后6h加入高尔基体阻断剂BFA,就可以检测Th17细胞的比例了。

如果检测的是体外诱导的细胞合成细胞因子的比例,就不需额外加入PMA和离子霉素,只需在体外诱导的最后6h内加入高尔基体阻断剂BFA就可以了。比如检测用anti-CD3、anti-CD28、IL-6和TGF-β在体外诱导Th17实验中所诱导的Th17细胞的比例时,只需在最后6h加入BFA,不需要再加刺激剂,就可以用胞内染色法检测CD4 T细胞中分泌IL-17细胞的比例了。

例1:

图5-8引自[引文4]。作者需要检测不同亚群的NK细胞或者不同

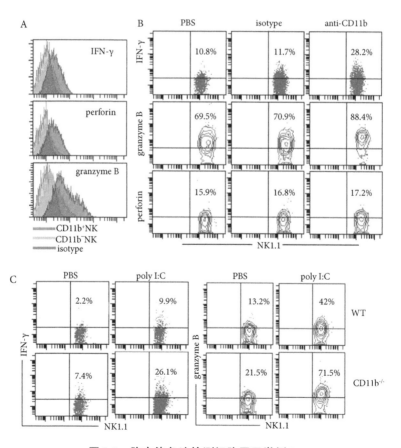

图5-8　胞内染色法检测细胞因子举例1

来源的NK细胞的功能,检测NK细胞的功能一方面是检测NK细胞的杀
伤功能,如对标准靶细胞Yac-1细胞的杀伤能力,另一方面就是检测NK
细胞合成和分泌细胞因子的能力,而与NK细胞功能密切相关的细胞因
子主要有IFN-γ、穿孔素(perforin)和颗粒酶B(granzyme B)等。作者选
用了ELISA法和胞内染色法检测NK细胞合成和分泌这3种细胞因子的
能力。图5-8显示的就是作者用胞内染色法检测NK细胞合成这3种细
胞因子能力的流式结果。

图5-8A显示的是作者用胞内染色法检测poly(I:C)处理后脾脏
CD11b$^+$ NK和CD11b$^-$ NK这两个NK细胞亚群合成IFN-γ、穿孔素和颗
粒酶B的能力。每张直方图都是由3张直方图组合而成的复合图,灰色
部分是同型对照,用于阴阳性分界;绿色图显示的是CD11b$^-$ NK细胞
合成这3种细胞因子的能力,从图中可以看出只有很少比例的CD11b$^-$ NK
细胞合成这3种细胞因子,而且阳性细胞的峰值都较低;红色图显示
的是CD11b$^+$ NK细胞合成这三种细胞因子的能力,从图中可以看出有
很大比例的CD11b$^+$ NK细胞合成这三种细胞因子,而且峰值相对较高。
因此,从合成功能性细胞因子的角度可以看出CD11b$^+$ NK细胞比CD11b$^-$
NK细胞功能更加活跃,提示具有更强的自然杀伤功能。

图5-8B是胞内染色法检测poly(I:C)处理后小鼠脾脏中CD11b高表
达的NK细胞(CD11b^{high}NK细胞)在加或者不加阻断性抗CD11b抗体情
况下合成IFN-γ、穿孔素和颗粒酶B的能力。用散点图表示合成IFN-γ
的能力,用等高线图表示合成穿孔素和颗粒酶B的能力。左图为阴性对
照(不加阻断性抗体),中图为同型对照(anti-CD11b阻断性抗体的同型
对照),右图为加入阻断性抗CD11b抗体(anti-CD11b)后合成细胞因子
的流式图。从图中可以看出,加入anti-CD11b后,CD11b^{high}NK细胞合
成穿孔素的能力无明显增加,其合成IFN-γ和颗粒酶B的能力明显增加。
说明阻断了来源于CD11b的信号后,NK细胞合成功能性细胞因子的能
力明显增强,提示其杀伤功能也很可能会明显增强,从而支持CD11b负
向调控NK细胞功能的结论。

图5-8C显示的是作者用胞内染色法检测来源于正常小鼠(WT)脾

脏的NK细胞和来源于CD11b缺陷小鼠(CD11b$^{-/-}$)脾脏的NK细胞、用或者不用poly(I:C)处理后合成IFN-γ和颗粒酶B的能力。用散点图表示合成IFN-γ的能力,用等高线图表示合成颗粒酶B的能力。"PBS"组表示不加poly(I:C)处理NK细胞合成细胞因子的能力,"poly (I:C)"组表示加poly(I:C)处理后NK细胞合成细胞因子的能力。从图中可以看出,无论是否加poly(I:C)处理,来源于CD11b缺陷小鼠脾脏的NK细胞合成IFN-γ和颗粒酶B的能力都明显强于来源于正常小鼠脾脏的NK细胞,说明CD11b缺失时NK细胞的功能更强,提示其杀伤功能也很可能更强,从而进一步支持CD11b负向调控NK细胞的结论。

例2:

图5-9引自[引文1],显示的是胞内染色法检测不同模型小鼠脾脏内NK细胞在不同活化剂处理下合成IFN-γ的情况。从不同模型小鼠脾脏中以NK1.1为标记分选NK细胞,体外培养24h,分为三组:第一组不加刺激剂,作为阴性对照(第一行);第二组用PMA和离子霉素刺激NK细胞(第二行);第三组用IL-12和IL-18刺激NK细胞(第三行)。培养的最后6h加BFA,培养24h后,收集上清用于ELISA法测定IFN-γ,而收集的细胞用于胞内染色法测定NK细胞合成IFN-γ的能力。"normal mice"组指NK细胞来源于正常小鼠的脾脏,体外不加刺激剂,基本不合成IFN-γ,用PMA和离子酶素刺激NK细胞,有37.9%的NK细胞合成IFN-γ;而用IL-12和IL-18刺激时,有61.5%的NK细胞合成IFN-γ。"MDSC transfer"组指将荷瘤小鼠脾脏中纯化得到的MDSC过继回输给正常小鼠,24h后分离纯化该小鼠脾脏内的NK细胞,分三组处理检测IFN-γ,与正常小鼠相比,MDSC回输后的NK细胞经刺激后合成IFN-γ的能力显著下降,此体内实验证明MDSC能够抑制NK细胞合成IFN-γ的能力。"tumor-bearing mice"组的NK细胞来源于荷瘤小鼠的脾脏,其三组胞内染色的结果与"MDSC transfer"组相似,可以推测荷瘤小鼠体内NK细胞合成IFN-γ能力的下降可能是因为荷瘤小鼠体内聚集有大量的MDSC。"anti-Gr-1 mAb"组指用阻断性抗Gr-1抗体处理荷瘤小鼠清除荷瘤小鼠体内的MDSC,然后分选纯化该小鼠脾脏内的NK细胞,

分三组处理测定IFN-γ,发现该NK细胞合成IFN-γ的能力恢复到了正常小鼠的水平,从而间接证明了荷瘤小鼠体内NK细胞合成IFN-γ能力的下降是由于荷瘤小鼠体内存在大量的MDSC。"isotype control"组是"anti-Gr-1 mAb"组的同型对照组。作者通过体内不同处理,然后用胞内染色法测定NK细胞合成IFN-γ的能力,从一个侧面证明了MDSC具有抑制NK细胞功能的作用。

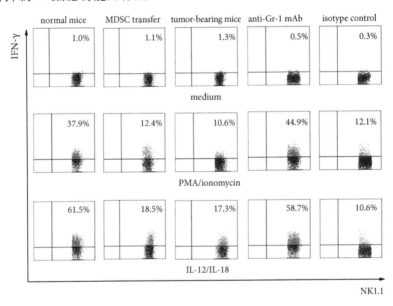

图5-7　胞内染色法检测细胞因子举例2

例3：

图5-10引自[引文3],显示的是胞内染色法流式检测来自于李斯特菌感染第8天小鼠脾脏内CD11c⁻CD8⁺ T细胞、CD11c^low CD8⁺ T细胞和CD11c^high CD8⁺ T细胞合成IFN-γ的能力,以推测这3个CD8 T细胞亚群可能的功能。首先将新鲜分离的脾脏细胞在体外培养24h,同时加入PMA和离子霉素刺激剂,刺激具有分泌IFN-γ能力的CD8 T细胞在体外培养条件下能够继续分泌IFN-γ,在培养的最后6h内加入高尔基体阻断剂BFA,阻断合成的IFN-γ分泌到细胞外。然后收集培养的脾脏细胞,标记荧光素偶联的抗CD11c抗体和抗CD8抗体,固定打孔细胞,最

后标记荧光素偶联的抗IFN-γ抗体,流式上样分析。从图中可以看出,CD11c^{high}CD8$^+$ T细胞与CD11c$^-$CD8$^+$ T细胞相似,基本没有分泌IFN-γ的能力,而CD11c^{low}CD8$^+$ T细胞却具有相当强的分泌IFN-γ的能力,从而提示CD11c^{high}CD8$^+$ T细胞很可能具有与CD11c^{low}CD8$^+$ T细胞完全不同的功能。

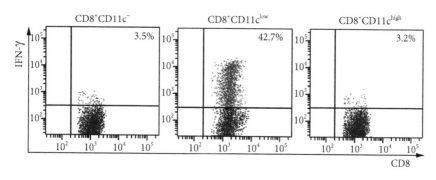

图5-10　胞内染色法检测细胞因子举例3

5.3.2　胞内染色法与ELISA法比较

检测细胞因子最经典的方法是ELISA法,即酶联免疫吸附实验。其基本原理是首先在96孔板上包被细胞因子的抗体,然后加入待测的细胞培养上清或者血清,使上清或者血清内的细胞因子与抗体结合,然后再加入细胞因子的抗体,该抗体偶联有某一种酶,酶联抗体与细胞因子结合,最后加入底物,结合的酶联抗体上的酶能够使底物显色,根据颜色的深浅就可以定量计算出待测液体中细胞因子的浓度。所以,ELISA法直接检测分泌到细胞外的处于游离状态的细胞因子,而胞内染色法检测的是位于细胞内的新合成的细胞因子。

与ELISA法检测细胞因子相比,胞内染色法具有两大优点:① 胞内染色法检测细胞因子能够准确地得出细胞因子的真正细胞来源,能够明确样品细胞中的哪一种或者哪几种细胞或者细胞亚群能够合成这种细胞因子,同时结合表面抗原的标记,还能进一步明确合成这种细胞因子与细胞表达某种表面抗原的关系;而ELISA法检测的是细胞上清,检测到某种细胞因子只能说明样品中有能够分泌这种细胞因子的细胞,而无法区分其细胞来源。而且,胞内染色法能够进一步明确有多少比例的这种细胞具有合成该细胞因子的能力；而ELISA法只能说明这种细胞具有分泌该细胞因子的能力,而无法区分是其中部分有这个能力,还是所有这种细胞都具有这种分泌能力。② 当需要检测某种细胞合成和分泌某些细胞因子时,胞内染色法不需要纯化这种细胞；而ELISA法需要纯化这种细胞,而且对纯度要求很高。如需要检测小鼠NK细胞合成和分泌某些细胞因子的能力,用胞内染色法检测时只需将脾脏细胞标记上NK细胞的标志性抗体——荧光素偶联抗NK1.1抗体,将NK1.1阳性的细胞设门,然后就可以分析其合成细胞因子的能力。而用ELISA法检测时,需要用流式分选的方法将脾脏细胞内的NK细胞分选纯化,然后进行体外培养,收集细胞的上清检测。

与胞内染色法检测细胞因子相比,ELISA法具有两大优点：① 胞内染色法检测的是细胞内新合成的细胞因子,而不是分泌到细胞外的细胞因子,所以胞内染色法检测得到的阳性结果只能说明细胞具有合成该细胞因子的能力,而无法进一步肯定细胞是否具有将该细胞因子分泌到细胞外的能力,因为细胞因子发挥作用必须是被分泌到细胞外后,通过自分泌或者旁分泌的方式发挥作用,如果细胞只合成而不分泌细胞因子是没有意义的。而ELISA法是直接检测位于细胞培养上清或者血清中的细胞因子,ELISA法检测阳性才能肯定细胞具有分泌细胞因子的能力,所以,可以说ELISA法是检测细胞因子经典且较为权威的方法。② ELISA法能够精确定量地检测细胞因子,而胞内染色法一般只能定性检测。胞内染色法能够明确有多少比例的细胞可以合成某细胞因子,但是无法明确这些细胞合成和分泌该细胞因子能力的大小,无法明确单位时间内相同数量的细胞分泌某种细胞因子的量,而ELISA法可以明确定量。

ELISA法和胞内染色法检测细胞因子这两种方法各有侧重点,双方互为补充。胞内染色法一般作为初筛方法,当需要检测某种细胞是否分泌某些细胞因子时,一般先采用胞内染色法检测,如果胞内染色法证实该细胞能够合成某细胞因子,再用ELISA法进一步确认,并对其分泌细胞因子的能力进行定量。一般ELISA法能够检测到细胞分泌某细胞因子,胞内染色法通常也可以检测到;但是,胞内染色法可以检测到细胞合成某细胞因子,ELISA法不一定能够检测到,因为细胞能够合成某细胞因子并不一定会分泌到细胞外起作用。

所以,检测细胞是否合成和分泌某细胞因子时通常会同时采用胞内染色法和ELISA法,两种方法互为补充,一般只有在两种方法都得到阳性结果时,才能得出肯定的结论,胞内染色法能够提供合成细胞因子的阳性细胞比例,ELISA法能够定量检测细胞分泌的细胞因子。

5.3.3　CBA法测定细胞因子

CBA(cytometric bead array)法是新发展起来的利用流式细胞术测定细胞因子的新方法,该方法直接检测分泌到细胞外的处于游离状态的细胞因子。流式细胞术不能直接检测细胞因子,CBA技术利用人工合成的微球(如直径为7.5μm的聚苯乙烯微球)代替细胞,在该微球上包被细胞因子抗体,当待测样品中含有相应的细胞因子时,人工微球上的抗体能够与细胞因子结合,然后再加入PE偶联的抗细胞因子抗体,该PE偶联抗体就可以与微球上结合的细胞因子结合,形成"三明治夹心"结构,如图5-11所示。其基本原理与ELISA法检测细胞因子具有相似之处,只是ELISA法利用的是酶系统,通过使底物显色,比较颜色的深浅来定量细胞因子,而CBA法利用的是荧光系统,通过激发PE荧光素,分析荧光信号的强弱来定量细胞因子。

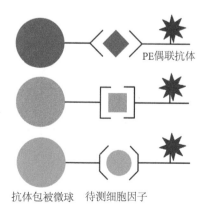

抗体包被微球　待测细胞因子

图5-11　CBA法原理示意图

  CBA技术中的代替细胞的人工微球上不只包被有细胞因子抗体,而且还偶联有荧光素,一般是偶联能够被PE-Cy5通道检测到的荧光素,微球上偶联荧光素是为了实现一次能同时检测多个细胞因子的目的。如某公司提供的利用CBA技术检测细胞因子的试剂盒:一个检测人趋化因子的试剂盒,一次能够同时测定IL-8、CXCL10、CCL2、CCL5和CXCL9这5个趋化因子;一个检测人炎性细胞因子的试剂盒,一次能够同时测定IL-8、IL-1β、IL-6、IL-10、TNF-α和IL-12p70这6个细胞因子。

  以第一种试剂盒为例,要实现一次检测同时测定这5个趋化因子,则试剂盒内需要5种微球,即分别包被抗IL-8抗体、抗CXCL10抗体、抗CCL2抗体、抗CCL5抗体和抗CXCL9抗体的5种微球,这5种微球不仅包被的抗体不同,而且偶联的荧光素的量也不同。这样,流式分析时将结果显示于散点图上,x轴显示PE通道信息,y轴显示PE-Cy5通道信息,如图5-12所示,因为这5种微球偶联的能被PE-Cy5通道接收的荧光素量不同,所以能够根据微球在PE-Cy5通道上的荧光信号的强弱而明显区分不同的人工微球。然后根据微球在PE通道上的荧光信号判断样品中是否含有相应的细胞因子。

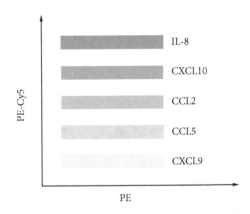

图5-12 CBA技术流式分析示意图

方法:

(1) 各分析管中加入50μl混合的人工微球。

(2) 各分析管中加入50μl待测细胞培养上清或者血清。

(3) 各分析管中加入 50μl 混合的 PE 偶联抗体。

(4) 充分混匀,室温静置 3h,避光处理。

(5) 各分析管中加入 1ml 洗液,离心沉淀,弃上清。

(6) 200μl 流式 PBS 重悬沉淀,流式上样分析。

例：

图 5-13 所示的是用 CBA 法检测某原发性肝细胞癌患者血清中各免疫球蛋白亚型浓度的流式分析结果。左图是阴性对照,右图是血清检测流式结果。所用的 CBA 法检测人免疫球蛋白亚型的试剂盒,一次能够同时分析 IgG$_1$、IgG$_{2a}$、IgG$_{2b}$、IgG$_3$、IgA、IgM 和 IgE 7 种免疫球蛋白。从图中可以看出,根据 PE-Cy5 通道检测到的荧光信号的强弱可以将人工微球分为 7 个检测带,从上到下依次对应这 7 种亚型,所以偶联有最多荧光素的人工微球上包被的是抗 IgG$_1$ 抗体,偶联有最少荧光素的人工微球上包被的是抗 IgE 抗体。根据流式结果,分析各人工微球 PE 通道的强度,可以得出结论,该患者血清中基本没有 IgG$_1$、IgG$_3$、IgA 和 IgE 这 4 种免疫球蛋白亚型,浓度最高的是 IgG$_{2b}$ 亚型,其次是 IgG$_{2a}$ 和 IgM 亚型。

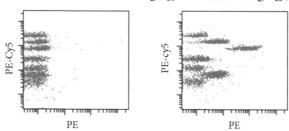

图 5-13　CBA 法检测细胞因子流式图举例

5.3.4　CBA 法与 ELISA 法比较

CBA 法与 ELISA 法检测的都是分泌到细胞外的游离状态的细胞因子,所以它们的样品都是细胞培养上清或者血清。当检测某种细胞分泌细胞因子的能力时,首先需要纯化这种细胞,然后在体外培养一段时间,收集上清后再检测,所以,CBA 法与 ELISA 法较为相似,所不同的是,CBA 法利用的是荧光技术得到检测结果,ELISA 法利用的是酶使底物显色后比较颜色的深浅得到检测结果。

与ELISA法相比,CBA法检测细胞因子具有两大优点:① ELISA法一次检测只能测定一种细胞因子,CBA法一次检测能够同时测定多种细胞因子,多的可以达到7个以上,这是CBA技术的最大优势。一次同时检测多种细胞因子,一方面大幅度节省了检测的时间和简化了操作步骤;另一方面,CBA法所需要的样品很少,如一次CBA法检测只需要50μl的样品,而ELISA法一次检测需要100~200μl的样品;如果需要检测6种细胞因子,CBA法仍然只需要50μl样品,而ELISA法却需要600~1200μl的样品,所以,当样品量很少时,ELISA法常会因为样品的体积不足而无法检测所有细胞因子,而CBA法就能很好地解决这个问题。② 因为CBA法使用的是荧光技术,所以CBA法的灵敏度要明显高于ELISA法,CBA最低能够检测的细胞因子的浓度一般在2~5pg/ml,而ELISA法通常需达到20~100pg/ml,所以CBA法灵敏度更高。

但是,CBA法在定量检测方面不如ELISA法准确,虽然CBA法发展较快,但是ELISA法定量操作简单,而CBA法步骤较多,而且在准确性方面不如经典的ELISA法。在价格方面,ELISA法也比CBA法经济得多。CBA法一次可以同时测定多种细胞因子,但在实际研究时,公司提供的CBA试剂盒并不能满足实验者的要求,因为试剂盒中检测的细胞因子种类是公司事先确定的,可能其中有些细胞因子不是实验者需要检测的,而有些需要检测的细胞因子并不包括在内;当只需要检测一种或者两种细胞因子时,使用CBA法就更不经济了。所以,当检测的细胞种类较多或检测细胞亚型的细胞因子时可以选用CBA试剂盒,如检测Th1、Th2或者Th17的细胞因子分泌情况时,就可以选择CBA试剂盒。

5.4 检测细胞增殖

细胞增殖是细胞的一个重要功能,尤其是在细胞免疫学上。检测细胞增殖,尤其是检测CD4$^+$ T细胞的增殖。MTT法曾被广泛用于检测细胞增殖,尤其是检测肿瘤细胞的增殖,后来又发展了^{3}H掺入法检测细胞增殖,该法曾被广泛应用于免疫细胞增殖的检测。

^{3}H掺入法就是在细胞DNA合成时,用^{3}H脱氧胸腺嘧啶核苷(^{3}H-TdR)代替普通的脱氧胸腺嘧啶核苷掺入新合成的DNA中,增殖的细胞因掺有^{3}H而具有放射性,通过定量检测样品细胞放射性大小反映样品细胞的增殖活性。^{3}H掺入法作为经典的检测细胞增殖的方法已被广泛认可和应用,但是该方法具有一定的局限性:① ^{3}H掺入法使用的是具有放射性的同位素,操作较为复杂,同时需要采取放射性保护措施;② 低比例高活跃增殖和高比例低活跃增殖可能得到相同的放射性结果,用^{3}H掺入法无法区别;③ ^{3}H掺入法无法进一步得到具有活性的增殖细胞用于下一步研究;④ ^{3}H掺入法加入^{3}H-TdR的时间较短,无法检测加入前细胞的增殖情况,而且检测到放射性只能说明细胞有DNA合成,而无法提供合成DNA的细胞是否进入增殖阶段的信息。

流式细胞术检测细胞增殖能克服了^{3}H掺入法的以上缺点,所以^{3}H掺入法检测细胞增殖有被流式检测取代的趋势。流式细胞术检测细胞增殖的方法有很多,本节将介绍广泛使用的相对计数法、示踪染料标记法(主要介绍CFSE标记法)和Brdu标记法,最后简要介绍几种其他方法。

5.4.1 相对计数法

细胞增殖最直接的结果就是细胞数目的增加,如果控制样品的体积一定,细胞数目的增加就是细胞浓度的增加,那么在同一台仪器上用相同的分析速度上样计数时,浓度大的样品单位时间内被检测到的细胞数越多,上样相同时间后得到的相对细胞数也就越多。流式细胞术相对计数法测定细胞增殖的原理即:将对照组和各实验组控制在相同的条件下直接计数,然后比较计数结果得出增殖结论。

相对计数法检测细胞增殖不仅可以得到对照组和各实验组间的相对数值,也可以得到绝对数值,如在对照组和各实验组中加入1×10^5 PE标记的人工微球作为内参(internal control),该微球的大小与需要检测的细胞相当。用相对计数法同时可以计数该PE标记的人工微球,以计数得到的数值为基值,其他对照组和实验组的相对数值就可以根据此基值计算出对照组和实验组的绝对数值。如低速上样90s计数得到的PE标记人工微球相对数为20 000,那么相对数值20 000就代表绝对数值1×10^5,如果某实验组得到的目标细胞相对数值为50 000,那么该实验组内细胞的绝对数值就是2.5×10^5。

方法与注意事项:

(1) 对照组和各实验组每种细胞所加的浓度必须相同,每个组至少设置3个复孔,这样每个孔可以得到1个细胞数,将3个复孔取平均值后就是这个组的结果。如果同时需要得到每孔目标细胞增殖后的绝对数值,在每孔细胞中加入1×10^5PE标记的人工微球作为内参。

(2) 收集各组的细胞于Eppendorf管中,注意必须尽量将各组的所有细胞都收集起来。标记需要计数细胞的标志表型的荧光素偶联抗体(如测定CD4 T细胞增殖时则标记荧光素偶联抗CD4抗体),4℃静置30min。

(3) PBS洗涤一次,洗去游离的抗体。用400μl的流式PBS重悬沉淀,将细胞置于流式管中准备上样计数,上样分析前加入7-AAD以排除死细胞的影响。注意各组最后重悬沉淀的流式PBS的体积必须相同,这样才能保证结果的可比性。

(4) 每组每管样品低速上样90s,计数目标细胞的数目。如果样品细胞中加有作为内参的人工微球,同时计数人工微球数。注意上样时速度必须相同,都用低速、中速或者高速上样,而且要求上样的时间也必须相同,上样时间要求长于1min,这样有助于减少人为误差。

例1:

图5-14引自[引文2],作者用相对计数法检测细胞增殖,同时每孔加入1×10^5PE标记的人工微球作为内参以得到绝对数值。作者检测的是CD4 T细胞的增殖,增殖前每孔加入的T细胞数(虚线表示的original cell)为1×10^5。

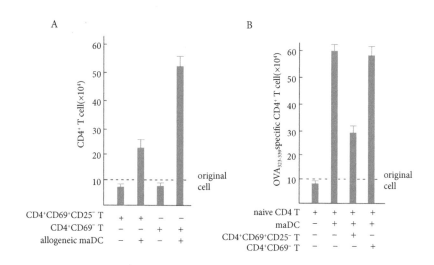

图5-14 相对计数法检测细胞增殖举例1

图5-14A显示的是相对计数法检测CD4⁺CD69⁺CD25⁻T细胞的增殖活性,以CD4⁺CD69⁻T细胞的增殖活性作为对照。CD4⁺CD69⁺CD25⁻T细胞和CD4⁺CD69⁻T细胞均来自于荷瘤小鼠的脾脏,流式分选这两群细胞。用混合淋巴细胞反应检测T细胞增殖,即T细胞与同种异体的DC以10:1的比例混合,反应5d。图5-14A的第一列为CD4⁺CD69⁺CD25⁻T细胞增殖的对照组(不加同种异体的DC,T细胞不增殖),第二列为CD4⁺CD69⁺CD25⁻T细胞增殖的实验组,说明在混合淋巴细胞反应中,CD4⁺CD69⁺CD25⁻T细胞增殖不到3倍;第三列为CD4⁺CD69⁻T细胞增殖的对照组,第四列为CD4⁺CD69⁻T细胞增殖的实验组,说明CD4⁺CD69⁻T细胞增殖到6倍左右。所以,与CD4⁺CD69⁻T细胞具有较高增殖活性不同,CD4⁺CD69⁺CD25⁻T细胞的增殖活性较低。

图5-14B显示的是相对计数法检测CD4⁺CD69⁺CD25⁻T细胞是否具有抑制T细胞增殖的功能,是否是新型的调节性T细胞亚群,检测时以CD4⁺CD69⁻T细胞作为对照。作者采用的T细胞增殖体系是特异性T细胞增殖反应体系,增殖的T细胞是来源于DO11.10品系小鼠的脾脏,用磁珠法纯化得到CD4 T细胞,这些T细胞的TCR都是相同的,都能够识别OVA,然后加入同源的成熟DC,比例为10:1,同时在培养基中加入

OVA$_{323-339}$17肽,反应5天,成熟DC能够提呈特异性抗原OVA$_{323-339}$17肽给CD4 T细胞,使OVA特异性的T细胞增殖。图5-14B中第一列不加成熟DC,没有抗原提呈细胞,T细胞不增殖,作为对照;第二列就是完整的T细胞增殖体系,在特异性初始T细胞、抗原提呈细胞和相应抗原肽都存在时,T细胞明显增殖,增殖到6倍左右;第三列是在该增殖体系中加入纯化的CD4$^+$CD69$^+$CD25$^-$ T细胞,数量与体系中成熟DC的量相同,加入这群新的T细胞亚群时,OVA特异性T细胞的增殖明显被抑制,只增殖到3倍左右;第四列加入的是CD4$^+$CD69$^-$ T细胞,基本不影响T细胞的增殖。说明CD4$^+$CD69$^+$CD25$^-$ T细胞具有抑制T细胞增殖的功能,可能是新型的调节性T细胞亚群。

例2:

图5-15引自[引文5]。作者已证明肝脏基质诱导的调节性DC能够抑制T细胞增殖,然后作者需要确定哪些重要分子在此抑制作用中起重要作用。作者采用的T细胞增殖体系与例1一样也是经典的增殖体系,OVA特异性CD4 T细胞接受同源的成熟DC提呈抗原OVA$_{323-339}$17肽,反应5天,然后用相对计数法检测CD4 T细胞的增殖。图中"CD4 T"就是增殖的目标细胞OVA特异性CD4 T细胞(来源于DO11.10小鼠脾脏,磁性纯化得到),"cDC"是提呈抗原的成熟DC,"LRDC"是具有抑制T细胞增殖作用的肝脏基质诱导的调节性DC。从图中可以看出,与完整T细胞增殖体系("cDC/CD4 T"组)相比,在此体系中加入调节性DC("LRDC/cDC/CD4 T"组),T细胞增殖被明显抑制,抑制到1/3左右。而用Transwell使调节性DC与T细胞增殖体系不能直接接触时("transwell/LRDC/cDC/CD4 T"组),调节性DC不能抑制T细胞增殖,说明调节性DC是通过细胞与细胞相互接触的方式抑制T细胞增殖的,而不是通过分泌细胞因子起抑制作用的。然后作者在抑制反应体系中加入不同的阻断性抗体以检测不同重要分子是否在调节性DC的抑制功能中发挥作用,从图中可以看出,加入前列腺素抑制剂吲哚美辛(indomethacin)后调节性DC不能抑制T细胞增殖,说明前列腺素对于调节性DC的抑制功能起着关键的作用;加入阻断性IFN-γ抗体时("anti-

IFN-γ/ LRDC/cDC/CD4 T"组），调节性DC的抑制作用部分恢复，说明IFN-γ在其中也起着部分作用；而加入IDO抑制剂、阻断性抗IL-10抗体、阻断性抗TGF-β抗体和阻断性抗B7-H1抗体，不影响调节性DC的抑制功能，说明IDO、IL-10、TGF-β和B7-H1对于该调节性DC的抑制T细胞功能不起作用。

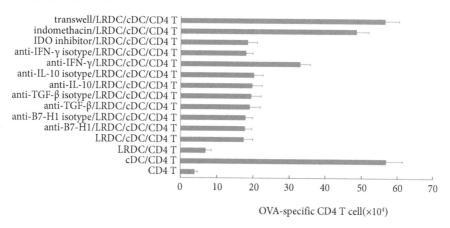

图5-15　相对计数法检测细胞增殖举例2

5.4.2　示踪染料标记法

能够用于流式细胞术检测细胞增殖的示踪染料总结于表5-2，这些示踪染料能够与细胞发生非特异性的不可逆性的结合，而且结合后相当稳定，不会被各种酶类降解。这些示踪染料与细胞结合主要有两种机制：一种是能够与细胞内的蛋白质上的氨基发生非特异性的共价结合，如CFSE和BRSE等；另一种是能够非特异性地嵌入细胞膜的脂质双分子层中与细胞发生非共价性结合，如PKH类和CellVue类等。这些示踪染料的荧光信号都很强，当细胞分裂时，母细胞内的染料会被平均分配到子细胞中，细胞的荧光信号就会减弱一半，所以通过检测减弱的、发射示踪染料荧光信号的细胞比例，就可以判断细胞增殖的强弱。这些示踪染料中，流式检测细胞增殖最常用的是CFSE和PKH26，本节将重点介绍CFSE标记法检测细胞增殖。

表5-2 流式检测细胞增殖示踪染料表

染料	标记机制	激发波长/nm	发射波长/nm	说明
CFSE	蛋白质结合	488	525	最常用
BRSE	蛋白质结合	488	568	荧光比CFSE弱
PKH67	细胞膜嵌入	488	502	最常用绿荧光膜结合染料
PKH2	细胞膜嵌入	488	504	基本被PKH67取代
PKH26	细胞膜嵌入	488	567	最常用橙/红荧光膜结合染料
CellVue Lavender	细胞膜嵌入	405	461	紫色激光激发，荧光较弱
CellVue Plum	细胞膜嵌入	647	671	荧光比CellVue Claret弱
CellVue Claret	细胞膜嵌入	647	675	效果类似于CFSE和PKH26
CellVue NIR780	细胞膜嵌入	780	776	635nm激光激发时荧光很弱
CellVue NIR815	细胞膜嵌入	780	814	需要780nm激光器

CFSE(carboxyfluorescein succinimidyl ester)是一种化学染料，全称为羧基荧光素琥珀酰亚胺酯，是由羧基荧光素二乙酸盐琥珀酰亚胺酯(carboxyfluorescein diacetate succinimidyl ester，CFDA-SE)自由通过细胞膜进入细胞内后被非特异性酯酶切除其乙酸基后形成的，能够与细胞内的多肽和蛋白质发生非特异性的、不可逆性的、稳定的共价结合。CFSE标记细胞最早于1990年被用于检测淋巴细胞的迁移，后来逐渐发现它能在体内和体外实验中很好的作为流式检测细胞增殖的示踪染料。CFSE对细胞没有很强的毒性，化学性质稳定，与蛋白质结合后不会再分离，也不会被细胞内的酶降解，只有在细胞增殖时，细胞内的CFSE才会被平均分配到两个子细胞中，而且CFSE本身带有绿色荧光基团，能够被488nm的激光激发，荧光信号一般被FITC通道(FL1)所接收。所以，CFSE是流式细胞术检测细胞增殖的理想染料之一。

CFSE标记法测定细胞增殖时，首先在目标细胞增殖前用CFSE标记，然后将CFSE标记的细胞置于增殖体系中，细胞发生增殖时，母细胞中的CFSE会被平均分配到子细胞中，第二代子细胞CFSE浓度为原始浓度的一半，第三代子细胞只有1/4，第四代子细胞只有1/8，以此类推，而CFSE的浓度与其被激光激发后发射的荧光强度成正比，所以，可以通过分析增殖后细胞的荧光强度来计算增殖的活性,荧光强度减弱到标记时的1/2以及以下的细胞都是增殖后的细胞,这些细胞所占的比例越高,细胞增殖越活跃。

CFSE标记方法:

(1) 纯化增殖反应的目标细胞,将细胞的浓度调整为1×10^6/ml,加入CFSE,其标记浓度为5μmol/L。置于37℃水浴中标记15min,在标记过程中每隔一段时间混匀细胞一次。

(2) 加入预冷的、含有血清的培养基终止标记,在4℃冰箱中静置5min,离心沉淀。

(3) 用培养基再洗涤一次,尽量洗净未结合的游离的CFSE。然后将目标细胞置于增殖体系中。

例1:

图5-16引自[引文2](请参照相对计数法的例1),本例的实验目的、实现处理、实验结果都与相对计数法中的例1相同,所不同的是检测细胞增殖的方法,本例中是用CFSE标记法。

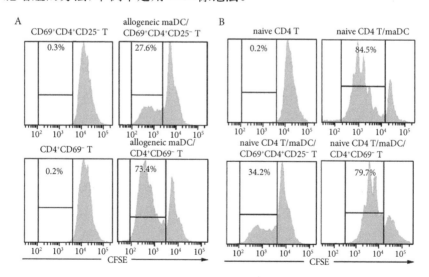

图5-16　**CFSE标记法检测细胞增殖举例1**

图5-16A显示的是CFSE标记法检测混合淋巴细胞反应后荷瘤小鼠

脾脏内CD4$^+$CD69$^+$CD25$^-$ T细胞和CD4$^+$CD69$^-$ T细胞的增殖。从图中可以看出,只有27.6%的CD4$^+$CD69$^+$CD25$^-$ T细胞发生了增殖,而CD4$^+$CD69$^-$ T细胞发生增殖的比例有73.4%。说明CD4$^+$CD69$^+$CD25$^-$ T细胞本身增殖活性较低。

图5-16B显示的是CFSE标记法证明CD4$^+$CD69$^+$CD25$^-$ T细胞具有抑制T细胞增殖的负向免疫调节作用。OVA特异性T细胞增殖体系中,目标细胞增殖的比例为84.5%,而在该体系中加入CD4$^+$CD69$^+$CD25$^-$ T细胞后,增殖比例下降到了34.2%,而加入CD4$^+$CD69$^-$ T细胞,增殖比例没有明显变化。说明CD4$^+$CD69$^+$CD25$^-$ T细胞具有较强的抑制T细胞增殖的功能,提示CD4$^+$CD69$^+$CD25$^-$ T细胞可能是新型的调节性T细胞亚群。

例2:

图5-17引自[引文5],显示的是作者用CFSE标记法证明肝基质诱导的调节性DC(LRDC)具有抑制OVA特异性T细胞增殖的功能。作者选用的T细胞增殖体系仍是经典的OVA特异性T细胞增殖体系,即选用从DO11.10小鼠脾脏纯化的OVA特异性的初始CD4 T细胞(CD4 T)作为增殖的目标细胞,同时培养体系中加入OVA$_{323-339}$17肽作为抗原肽,然后用成熟DC(cDC)将抗原肽提呈给T细胞使其增殖。因为此反应中发生增殖的目标细胞是CD4 T细胞,所以当该细胞从脾脏中纯化得到后就标记CFSE,然后加入到各增殖体系中使其增殖,5天后收集细胞测量CFSE荧光减弱情况。

图5-17A显示的是各组CFSE荧光情况的直方图。第一组("CD4 T"组)没有成熟DC提呈抗原,T细胞不增殖,所以CFSE的量没有因细胞分裂而减弱,仍处于原先标记的水平,基本所有T细胞的CFSE荧光信号均处于最高水平;第二组("CD4 T/cDC"组),T细胞反应的三个必备条件(T细胞、成熟DC、抗原肽)都具备,T细胞发生增殖反应,T细胞内的CFSE因为细胞分裂而逐次减半递减,基本所有T细胞的CFSE荧光信号都减弱,说明所有细胞都发生了增殖,而且减弱倍数较多,增殖非常活跃;第三组("CD4 T/LRDC"组),加入的不是成熟DC而是LRDC,LRDC没有抗原提呈的能力,所有T细胞的CFSE荧光信号都没有减弱,

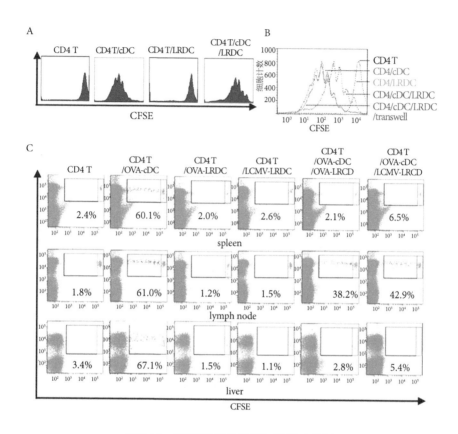

图5-17 CFSE标记法检测细胞增殖举例2

T细胞都没有增殖；第四组（"CD4 T/cDC/LRDC"组），在增殖体系中加入了LRDC，如图所示，大部分T细胞发生了增殖，但仍有少部分细胞的CFSE荧光信号没有减弱，这部分细胞就没有发生增殖，而且与第二组相比，CFSE减弱不多，T细胞增殖明显不如第二组强，说明加入的LRDC抑制了T细胞的增殖，提示LRDC具有抑制T细胞增殖的负向免疫调节作用。

　　图5-17B是一张组合后的直方图，将5张直方图组合成1张，前4张就是图5-17A中的4张直方图，其意义与结果与图5-17A所示的一致，第5张直方图表示的是用transwell法将LRDC与T细胞增殖体系（CD4 T/cDC）分隔开，虽然处于同一培养环境中，分泌的细胞因子可以相互作用，但是细胞与细胞无法直接接触。从图中可以看出，transwell后T细

胞增殖恢复到原先水平,LRDC不能抑制T细胞的增殖,说明LRDC的抑制功能依赖于细胞与细胞之间的直接接触,提示LRDC表面的某个或者某些分子可能在抑制T细胞增殖中起重要作用。

图5-17C显示的是作者用CFSE标记法证明LRDC在体内也具有抑制T细胞增殖的功能,而且其抑制作用是抗原非特异性的。作者将不同的细胞回输到正常小鼠体内,如CFSE标记的OVA特异性的CD4 T细胞(CD4 T)、结合有$OVA_{323-339}$17肽的成熟DC(OVA-cDC)、结合有$OVA_{323-339}$17肽的LRDC(OVA-LRDC),以及结合有LCMV抗原的LRDC(LCMV-LRDC),5天后分析脾脏(第一行)、肝脏引流淋巴结(第二行)和肝脏(第三行)内回输的T细胞的增殖情况。从图中可以看出,只回输CFSE标记的OVA特异性CD4 T细胞("CD4 T"组),各脏器内回输的T细胞CFSE荧光信号没有减弱,说明T细胞没有增殖;而且同时回输OVA-LRDC("CD4 T/OVA-LRDC"组)或者LCMV-LRDC("CD4 T/LCMV-LRDC"组),T细胞也不增殖,说明LRDC没有抗原提呈的功能;而同时回输OVA-cDC("CD4 T/OVA-cDC"组),各脏器内的回输的T细胞明显发生非常活跃的增殖反应,说明该经典的增殖体系在体内也能实现;而在该增殖体系中同时再回输OVA-LRDC("CD4 T/OVA-cDC/OVA-LRDC"组)或者LCMV-LRDC("CD4 T/OVA-cDC/LCMV-LRDC"组),脾脏和肝脏内回输的T细胞的增殖被完全抑制,而肝脏引流淋巴结内回输的T细胞的增殖也部分减弱,说明回输的LRDC在体内也具有很强的抑制T细胞增殖的功能,而且其抑制作用与表面结合的抗原无关,说明其抑制作用是抗原非特异性的。

5.4.3 BrdU和EdU掺入法

5-溴脱氧尿嘧啶核苷(bromodeoxyuridine, BrdU)是胸腺嘧啶核苷的类似物,其特点是胸腺嘧啶环上5位C连接的甲基被溴取代,在细胞增殖DNA合成时可以与内源性的胸腺嘧啶核苷竞争掺入到新合成的DNA中,而BrdU抗体可以特异性识别BrdU,不与胸腺嘧啶核苷结合,所以可以用于检测细胞增殖。

BrdU掺入法适用于体内检测目标细胞的增殖,一般将BrdU掺入小鼠的饮用水中或者经腹腔注射,也可以两种方法同时使用。经过一段时间后,取出目标细胞制成单细胞悬液,用多聚甲醛固定细胞,然后用打孔剂皂苷(saponin)在细胞膜上打孔,最后标记荧光素偶联抗BrdU抗体,目标细胞中BrdU阳性的细胞就是增殖的细胞,阳性细胞比例越高,说明其增殖越活跃。

例:

图5-18引自[引文5],作者用BrdU掺入法检测肝脏内CD4 T细胞和CD8 T细胞的增殖活性。BrdU掺入是同时使用饮用水掺入和腹腔注射两种方法,饮用水中BrdU的浓度为1mg/ml,连续让小鼠饮用9天;腹腔注射2次,注射的浓度也是1mg/ml。小鼠模型是实验性自身免疫性肝炎(EAH),用S100抗原+CFA免疫小鼠后制备该模型,作者已经证明在该模型中回输肝脏基质诱导的调节性DC(LRDC)能够减弱肝炎的程度,作者需要进一步证明回输LRDC后能够抑制肝炎模型中肝脏内T细胞的增殖。

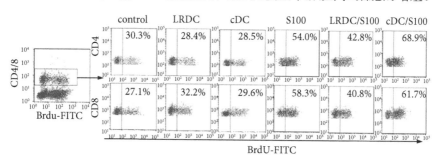

图5-18 **BrdU掺入法检测细胞增殖举例**

正常小鼠("control"组)肝脏内CD4 T细胞和CD8 T细胞有30%左右的细胞掺入了BrdU,发生了增殖,而给正常小鼠回输LRDC("LRDC"组)或者作为对照的成熟DC("cDC"组),均不影响肝脏内CD4 T细胞和CD8 T细胞的增殖,BrdU阳性比例仍为30%左右。而在EAH模型("S100"组)中,CD4 T细胞有54.0%发生了增殖,CD8 T细胞有58.3%发生了增殖,而同时回输LRDC("LRDC/S100"组)后CD4 T细胞只有42.8%发生了增殖,CD8 T细胞只有40.8%发生了增殖,回输成熟

DC("cDC/S100"组)时, T细胞增殖并没有被抑制,说明LRDC确实能够抑制EAH模型中肝脏T细胞的增殖。

作为一种替代掺入法检测细胞DNA的复制和细胞的增殖, BrdU掺入法相比于 ^{3}H掺入法具有明显的优势,不仅没有放射性,而且工作量和检测时间也得到了大幅度的缩减。但是BrdU掺入法也有一个不容忽视的缺点,抗BrdU抗体分子太大,双链DNA中配对的碱基对会阻碍掺入的BrdU与荧光素偶联的抗BrdU抗体的结合。因此,为了暴露BrdU的表位,促进BrdU与其抗体的结合,目标细胞经常需要经过如DNA酶或者浓盐酸等强的变性方法的处理,所以,检测到的BrdU的强度在很大程度上依赖于这些处理条件。

近年来发展起来的EdU掺入法克服了BrdU掺入法的这一弊端,有望取代BrdU掺入法作为检测细胞DNA复制和增殖的新的具有良好的发展前景的方法[Sun et al, 2012]。5-乙炔基-2'脱氧尿嘧啶核苷(5-ethynly-2'-deoxyuridine, EdU)与BrdU类似,也是一种胸腺嘧啶核苷的类似物,所不同的是其胸腺嘧啶环上5位C连接的甲基不是被溴取代,而是被乙炔基取代,同样的, EdU在细胞增殖DNA合成时可以与内源性的胸腺嘧啶核苷竞争掺入到新合成的DNA中。所不同的是,检测掺入的EdU并不是利用荧光素偶联的抗EdU抗体,而是利用一种较为特殊的化学反应,一种被称为"click"化学作用的Cu离子催化的环加成反应,在此反应中, EdU中的乙炔基能够与荧光素偶联的小分子叠氮化合物形成稳定的三唑环结构。结合的荧光素就可以反应所掺入的EdU的量,从而间接反应DNA复制和细胞增殖的强弱。该反应不受双链DNA中碱基对的影响,因此克服了BrdU掺入法的弊端。

体内和体外增殖反应中都可以利用EdU掺入法检测细胞的增殖,比如可以用EdU掺入法流式检测小鼠T细胞亚群的增殖能力。最合适的EdU掺入浓度是10~50μM,最合适的孵育时间是8~12小时,"click"反应最合适的条件是100μl体积标记1×10^{6}淋巴细胞。当然,在"click"反应之前必须先固定和打孔细胞,打孔剂使用0.05%的saponin效果要好于0.1%的Triton X-100。而且, EdU掺入后的淋巴细胞能够较长时间的保存,能够在4℃、-80℃或者液氮中保存21天。

5.4.4 其他方法

1. 细胞周期法检测细胞增殖

流式细胞术可以检测细胞内DNA的含量,所以可以检测细胞周期。处于S期的细胞,DNA量处于二倍体和四倍体之间;处于G_2/M期时,DNA量为四倍体。而细胞群体中处于S期和G_2/M期的细胞比例越高,说明细胞增殖越活跃。所以可以通过检测细胞DNA的含量反映细胞增殖的强弱。流式细胞术检测细胞内DNA含量的方法请参照第六节中的相关内容。

2. PCNA检测细胞增殖

增殖细胞核抗原PCNA(proliferating cell nuclear antigen),于1978年在系统性红斑狼疮患者的血清中首次发现,因其只存在于正常增殖细胞和肿瘤细胞内而得名。PCNA是一种分子质量为36kDa的蛋白质,在细胞核内合成而且只存在于细胞核内,它是DNA聚合酶的辅助蛋白,所以与细胞DNA的合成关系密切,是反映细胞增殖状态的良好指标。可以标记荧光素偶联的抗PCNA抗体,流式分析PCNA阳性细胞的比例,反映细胞增殖的强弱,此法多用于检测肿瘤细胞的增殖活性。

3. Ki-67检测细胞增殖

Ki-67抗原是一种与细胞增殖特异相关的核抗原,主要用于判断细胞增殖的活性。Ki-67在处于细胞周期的活动期(G_1晚期、S、G_2和M期)的增殖细胞中表达,而在静止细胞中不表达。Ki-67的作用可能涉及细胞增殖的维持,但其发挥功能的确切机制尚不清楚。可以标记荧光素偶联的抗Ki-67抗体,流式分析Ki-67阳性细胞的比例,反映细胞增殖的强弱,此法也多用于检测肿瘤细胞的增殖活性。

4. CD71检测细胞增殖

CD71是转铁蛋白受体,表达于细胞的表面,该受体广泛表达于各种恶性肿瘤细胞表面，正常细胞表达较少，与肿瘤细胞的增殖密切相关。可用荧光素偶联抗CD71抗体标记肿瘤细胞，检测CD71阳性细胞的比例，间接反映肿瘤细胞的增殖活性。

5.5　检测细胞凋亡

目前发现细胞死亡的方式主要有两种，包括细胞坏死(necrosis)和细胞凋亡(apoptosis)。细胞坏死是早已被认识到的细胞死亡方式，而细胞凋亡是近年来逐渐被认识且越来越受到重视的细胞死亡方式。两种死亡方式最重要的区别是细胞坏死会释放出细胞内容物，引起炎症反应，而细胞凋亡不会暴露细胞内容物，一般被吞噬细胞吞噬清除，不引起炎症反应。

细胞凋亡，以前也称细胞程序性死亡，是指在一定的生理或者病理条件下，细胞主动的、高度有序的、自己结束其生命的过程。细胞凋亡是生物体中一种普遍存在的现象，胚胎形成、个体发育、衰老和损伤细胞的清除等都与细胞凋亡密切相关。细胞凋亡在免疫学中也非常重要，如T细胞在胸腺内发育的过程，经过阴性选择和阳性选择后，95%的胸腺细胞发生凋亡，只有5%的胸腺细胞发育为成熟T细胞进入外周。

检测细胞凋亡的方法很多，如电子显微镜或者光学显微镜下的形态学观察、细胞DNA提取物的DNA梯状带电泳实验等。而流式细胞术是非常重要的检测细胞凋亡的方法，不仅可以定性，也可以定量。流式细胞术检测细胞凋亡的方法也有很多，其中最重要是annexin V/PI双染色法，本节将重点介绍此方法。其他的还有SYTO/PI双染色法、细胞DNA含量分析法、线粒体损伤检测法、活化的caspase-3检测法、FLICA标记法、甲酰胺诱导ssDNA单抗检测法、TUNEL法等。

5.5.1　annexin V/PI双染色法

正常细胞膜的磷脂分布是不对称的，活细胞中磷脂酰丝氨酸(phosphatidylserine, PS)位于细胞膜的内表面，细胞凋亡时，细胞膜发生变化，这种极化现象消失，PS均匀分布于细胞膜的内表面和外表面。

annexin V是一种对PS有高度亲和力的、钙依赖性的磷脂结合蛋白，annexin V可以特异性地识别凋亡细胞表面的PS，而活细胞的PS位于细胞膜的内表面，无法与annexin V特异性结合。所以可以用FITC偶联的annexin V鉴别凋亡细胞和活细胞。

坏死细胞的PS也会从细胞膜的内表面翻转到细胞膜的外表面，annexin V也能识别坏死细胞表面的PS，所以annexin V无法区分坏死细胞和凋亡细胞。而PI染料能够与细胞内的DNA结合，能够区分坏死细胞和活细胞。凋亡细胞和活细胞的细胞膜仍然完整，PI染料无法自由通过细胞膜进入细胞内与DNA结合，所以PI染料无法标记凋亡细胞和活细胞，而PI染料却能够通过坏死细胞的细胞膜与细胞内的DNA结合，坏死细胞内PI染料被488nm激光激发后会发射红荧光，主要被FL2通道接收。所以annexin V和PI同时使用，就可以区分活细胞、凋亡细胞和坏死细胞，这就是annexin V/PI双染色法检测细胞凋亡的原理。

标记方法与常规标记荧光抗体的方法一样：加入适量的FITC-annexin V和PI，4℃静置30min即可。注意标记PI的方法与PI染色检测细胞内DNA含量的方法不同，不需提前固定细胞，因为本方法标记PI是为了检测细胞膜的通透性从而鉴别细胞是活细胞还是死细胞，而用PI检测DNA含量时必须先破坏活细胞的细胞膜的完整性使PI进入细胞内与DNA结合。

图5-19是用annexin V/PI双染色法检测细胞凋亡得到的一张散点图。图中大致可以分为三大细胞群：右上象限的细胞表型为annexin V$^+$PI$^+$，代表的是坏死细胞；右下象限的细胞表型为annexin V$^+$PI$^-$，代表的是凋亡细胞；左下象限的细胞表型为annexin V$^-$PI$^-$，代表的是活细胞。通过annexin V/PI双染色法可以非常明确地区分活细胞、凋亡细胞和坏死细胞，并且可以定量分析各自所占的比例。需要注意的是，晚期凋亡细胞的性质类似于坏死细胞，所以晚期凋亡细胞也位于坏死细胞象限，而并非位于凋亡细胞象限。

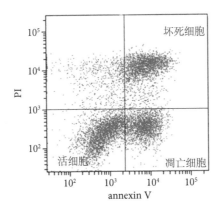

图 5-19　细胞凋亡的流式检测图

　　此外,用此方法检测细胞凋亡,在流式图上设置十字象限时,不能只根据阴性对照所显示的阴阳性界线,而应该根据细胞群的具体分布设置。因为在某些情况下,比如检测贴壁细胞的凋亡时,用胰酶消化细胞会一定程度的损伤细胞膜,从而可能导致活细胞的细胞膜内侧的PS少量的翻转到细胞膜外侧,从而使活细胞的FITC-annexin V荧光信号整体向右移,此时就应该根据具体流式图形将根据阴性对照所设的十字象限也向右移动。

　　例:

　　图 5-20引自[引文 6],作者用annexin V/PI双染色法检测人肺癌细胞系"H1299"和"A549"细胞凋亡,证明人肺癌细胞表面的TLR4受体与LPS结合后,能够增强其抵抗TNF-α和TRAIL诱导的凋亡。

　　从图中可以看出,TRAIL诱导后,H1299人肺癌细胞系的凋亡比例从3.36%上升到13.7%,被TNF-α/CHX诱导后,凋亡比例上升到16.9%;如果在诱导前加入LPS,活化H1299表面TLR4信号,被TRAIL诱导后凋亡比例只有3.8%,被TNF-α/CHX诱导后凋亡比例只有3.93%,说明H1299表面TLR4信号的活化能够促进其抵抗凋亡。另一个人肺癌细胞系A549的结果也相似,LPS活化TLR4信号后,TRAIL诱导凋亡比例从16%下降到3.09%,而TNF-α/CHX诱导凋亡比例从17%下降到11.8%。

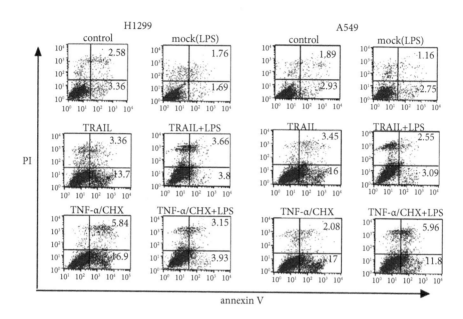

图 5-20 **annexin V/PI染色法检测细胞凋亡举例**

5.5.2 SYTO/PI双染色法

SYTO系列染料是一种细胞膜通透性的核酸染料,可以自由进入活细胞与细胞内的DNA或者RNA结合,未结合时发射荧光信号的能力很弱,与核酸结合后发射荧光信号的能力大幅度升高。根据SYTO发射荧光信号波长的不同,主要可以分为蓝、绿、橙和红四大类。用SYTO染料标记细胞后,尤其是与PI染料共同标记时可以区分活细胞、凋亡细胞和坏死细胞,因此其最主要的应用就是检测细胞凋亡,其中最具有代表性的是SYTO11、SYTO16、SYTO17和SYTO62等(Wlodkowic et al, 2008)。

SYTO与活细胞的核酸结合得最多,所以用SYTO标记细胞时,活细胞SYTO发射的荧光信号最强,SYTO与凋亡细胞核酸结合的能力大幅度减弱,与坏死细胞核酸结合的能力最低,所以SYTO染料可以用于鉴别活细胞、凋亡细胞和坏死细胞。SYTO染料结合凋亡细胞核酸的能力减弱的确切机制目前尚未明确,可能与细胞凋亡时染色质固缩导致

SYTO结合位点减少以及RNA降解等有关。

SYTO/PI双染色法检测细胞凋亡的方法非常简单,只需将SYTO染料和PI染料直接加入待测的单细胞悬液中,SYTO染料的标记终浓度为50nmol/L,PI染料的标记终浓度为5μg/ml,避光常温静置20min即可。SYTO11和SYTO16由488nm激光激发,FL1通道接收荧光信号;SYTO17和SYTO62由635nm激光激发,APC通道(通常是FL4)接收荧光信号。

图5-21所示的是用SYTO/PI双染色法检测细胞凋亡的流式图。活细胞、凋亡细胞和坏死细胞结合SYTO的能力依次递减,PI是细胞膜非通透性染料,活细胞和凋亡细胞的细胞膜是完整的,不能被PI染料标记,而坏死细胞的细胞膜已经不完整,可以被PI染料标记。所以用SYTO/PI双染色时,活细胞表现为SYTO^{high}PI$^-$,如图5-21中蓝色细胞群所示;凋亡细胞表现为SYTO^{dim}PI$^-$(绿色细胞群);坏死细胞表现为SYTO^{low}PI$^+$(红色细胞群)。

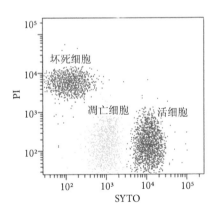

图5-21 **SYTO/PI检测法流式图**

5.5.3 细胞DNA含量分析法检测细胞凋亡

用PI染色法检测细胞内DNA含量也可以用于检测细胞凋亡。细胞凋亡时核酸内切酶被激活,细胞内的DNA广泛断裂,一方面在标记PI时必须先用固定剂固定细胞使细胞膜的通透性增加,让PI染料能够通过细胞膜进入细胞内部与DNA结合,此时凋亡细胞内断裂的DNA小碎片就可以通过细胞膜逸出细胞;另一方面凋亡细胞内的DNA小碎片也会降解。所以,凋亡细胞内的DNA含量比正常细胞少,在PI通道上检测到的荧光信号就会比正常二倍体DNA含量的荧光信号弱。所以凋亡细胞会在DNA直方图二倍体峰的前面出现一个DNA含量少于二倍体的亚二倍体峰(凋亡细胞峰),如图5-22所示。PI染色法检测细胞内DNA含量的方法请参照本章第六节。

　　虽然此法比较简单,也较为常用,但是这种方法的特异性并不是很高。因为亚二倍体峰的出现并不是凋亡细胞所特有的,非整倍体细胞、机械损伤的细胞也可以出现这种亚二倍体峰。所以用此方法检测细胞凋亡时,应先用其他方法确定样品细胞内的确有凋亡细胞,而没有其他引起亚二倍体峰出现的情况,再用此方法定量检测样品内凋亡细胞的比例。

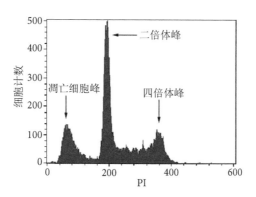

图5-22　细胞DNA含量分析法检测细胞凋亡

5.5.4　线粒体损伤检测法

　　细胞凋亡经常伴随有线粒体的损伤,而线粒体的损伤主要表现在四个方面:① 线粒体外膜通透性增加,使位于线粒体外膜和内膜之间的膜间隙内的物质释放到细胞质中,其中最重要的是细胞色素c(cytochrome c),释放到细胞质中的细胞色素c可以启动caspase反应,从而启动线粒体介导的细胞凋亡; ② 线粒体膜电位下降; ③ 位于线粒体内膜上的心磷脂(cardiolipin)降解;④ 线粒体上7A6抗原的暴露。所以,可以通过测定细胞线粒体是否发生这几个方面的变化以测定细胞是否发生凋亡(King et al, 2007)。

1. 细胞色素c检测法

细胞凋亡会导致线粒体外膜通透性的选择性增加,位于线粒体膜间隙的细胞色素c将被释放至细胞质中。所以,细胞凋亡的表现之一就是细胞色素c的重新定位,从线粒体的膜间隙转移至细胞质中,通过检测细胞色素c的重新定位就可以检测细胞凋亡(Waterhouse et al, 2003)。

蛋白质印迹法可用于检测细胞色素c的重新定位,可以只检测细胞质内的细胞色素c的量或者同时检测细胞质和线粒体内的细胞色素c的量。细胞凋亡时细胞质内的细胞色素c的量显著增加,而线粒体内的细胞色素c的量却显著减少。但是,蛋白质印迹法只能得到平均值,当目标细胞中有5%以上的凋亡细胞时,就可以用蛋白质印迹法检测到,但是却无法得到凋亡细胞的具体比例。免疫组化(immunocytochemistry)的方法也可以检测细胞色素c的重新定位,荧光素偶联的抗细胞色素c抗体可以结合释放到细胞质内的细胞色素c,所以凋亡细胞被相应激光激发后会发射特定波长的荧光,但是免疫组化法需要人工计数,很难精确定量凋亡细胞的确切比例。

流式细胞术可以通过检测细胞色素c的重新定位检测细胞凋亡,并且可以克服蛋白质印迹法和免疫组化法的局限性。一种方法是有GFP(GFP-tagged cytochrome c)的细胞,当细胞凋亡时GFP-细胞色素c会进入细胞质,用洋地黄皂甙(digitonin)处理后,细胞质内的GFP-细胞色素c释放到细胞外,凋亡细胞内的GFP就明显少于正常活细胞,流式分析FL1通道接收到的荧光信号强弱就可以区分凋亡细胞和正常活细胞。

另一种方法使用的是一般细胞,应用就更为广泛。先用洋地黄皂甙处理样品细胞,使细胞膜的通透性选择性增加,凋亡细胞内细胞色素c就会通过细胞膜释放到细胞外,然后用多聚甲醛固定细胞,保持打孔时细胞的形状,同时也使线粒体内的细胞色素c停留在线粒体内,然后用皂苷(saponin)在细胞膜和线粒体外膜上同时打孔,加入荧光素偶联的抗细胞色素c抗体,该抗体就可以进入线粒体内与线粒体内的细胞色素c结合。凋亡细胞的线粒体内的细胞色素c部分被释放到细胞外,而正常活细胞的线粒体内的细胞色素c没有丢失,所以,流式检测时相应通道上接收到的凋亡细胞的荧光信号要明显低于正常活细胞的荧光信号。

图 5-23 所示的为流式细胞术检测细胞色素c重新定位法检测细胞凋亡的流式直方组合图,由对照组和实验组两张流式直方图组合而成。抗体采用PE偶联抗细胞色素c抗体,发射的荧光信号被FL2通道接收。细线代表对照组的结果,对照组没有用促凋亡因子处理样品细胞,从图中可以看出,几乎所有细胞FL2荧光信号都很强,说明线粒体内的细胞色素c没有重新定位到细胞质然后被释放到细胞外,基本没有凋亡细胞。粗线代表实验组的结果,实验组用促凋亡因子处理样品细胞,大约50%的细胞发射较弱的荧光信号,说明这部分细胞线粒体内的细胞色素c重新定位到细胞质然后被释放到细胞外,这些细胞就是凋亡细胞,凋亡细胞的比例大约为50%,实验组流式直方图由荧光信号较弱的凋亡细胞峰和荧光信号较强的活细胞峰组成。

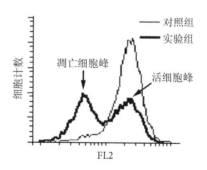

图 5-23　流式检测细胞色素c法检测细胞凋亡

2. 线粒体膜电位检测法

线粒体电子传递链是由位于线粒体内膜上的四个蛋白质复合体组成的,每当一个电子从一个复合体传递到另一个复合体上时,质子就会在线粒体基质内产生并随之被泵到线粒体的膜间质,从而产生电位,就是线粒体膜电位。细胞凋亡时,线粒体外膜的通透性选择性增加和细胞色素c的释放,会导致线粒体膜电位的下降。

流式细胞术可以直接检测线粒体膜电位,TMRE(tetramethyl rhodamine ethyl-ester,四甲基若丹明乙酯)是一种荧光染料,当线粒体膜电位处于正常的高电位时,TMRE能够结合到线粒体膜上,当线粒体膜电位下降时,TMRE就会从线粒体膜上脱落下来。所以,用TMRE荧光染料标记样品细胞,通过流式检测TMRE发射的荧光信号的强弱就可以判断样品中是否含有凋亡细胞以及凋亡细胞的比例,TMRE信号弱的细胞就是凋亡细胞,TMRE信号强的细胞就是正常活细胞。标记TMRE只需在37℃作用20min即可,其激发波长为550nm,发射波长为573nm。另外,TMRM(tetramethyl rhodamine methyl-ester,四甲基若丹明甲酯)的性质和用法与TMRE相似。

此外,$DiOC_6$(3,3'-dihexyloxacarbocyanine iodide)也可用于检测线粒体膜电位,直接标记15min即可,标记浓度为100nmol/L。线粒体膜电位正常时,$DiOC_6$结合较多,荧光信号最强;凋亡细胞的线粒体膜电位下降,$DiOC_6$结合减少,荧光信号减弱。

3. 线粒体心磷脂检测法

细胞凋亡线粒体损伤的表现之一是线粒体内心磷脂的降解,荧光染料NAO(10-N-nonyl acridine orange,10-N-壬基吖啶橙)可以特异性与线粒体内的心磷脂结合,标记浓度为100nml/L,37℃作用30min即可,其发射的荧光信号被FL1接收。正常活细胞线粒体内心磷脂含量丰富,结合较多NAO,FL1接收到的荧光信号较强,凋亡细胞线粒体内的心磷脂降解,结合较少NAO,FL1接收到的荧光信号较弱。所以样品细胞标记NAO后,通过检测FL1接收到的荧光信号的强弱就可以判断样品中是否有凋亡细胞以及所含凋亡细胞的比例。

4. 线粒体7A6抗原检测法

细胞凋亡时,无论是线粒体诱导的细胞凋亡,还是受体诱导的细胞凋亡,都会导致线粒体上7A6抗原的暴露,所以7A6抗原特异性的抗体

Apo2.7可用于检测细胞凋亡。标记荧光素偶联的Apo2.7,利用流式细胞术就可以非常简便地检测细胞凋亡。由于7A6抗原位于细胞内,所以需要先固定打孔细胞,然后再标记荧光素偶联的Apo2.7抗体。

5.5.5 活化的caspase-3检测法

caspase-3是细胞凋亡信号转导通路中的重要成员之一,在细胞凋亡早期被激活。FasL与靶细胞表面的Fas结合后通过Fas分子胞内段的死亡结构域激活caspase-8,引起caspase酶级联反应,最后激活内源性DNA内切酶,诱导靶细胞的凋亡;颗粒酶通过靶细胞细胞膜上穿孔素形成的小孔进入细胞内,激活caspase-10,也能引起caspase酶级联反应,诱导靶细胞的凋亡;线粒体损伤时,位于线粒体内膜和外膜间的细胞色素c会被释放到细胞质中,与Apaf-1结合,继而激活caspase-9,引起caspase酶级联反应,诱导靶细胞的凋亡。以上几条由caspase-8、caspase-10和caspase-9启动的caspase酶级联反应都需要经过caspase-3传导凋亡信号。所以,可以通过检测活化的caspase-3检测早期的凋亡细胞。

活化的caspase-3可以利用荧光素偶联的抗活化的caspase-3抗体,通过流式检测。活化的caspase-3位于细胞内部,所以标记方法与标记细胞内的抗原分子相似。首先固定细胞,然后用打孔剂在细胞膜上打孔,最后再标记荧光素偶联抗体,这时抗体才会通过细胞膜上的小孔进入细胞内与活化的caspase-3结合,流式分析相应通道上接收到的荧光信号就可以判断目标细胞内是否有凋亡细胞。

5.5.6 荧光素偶联的caspase抑制剂(FLICA)标记法

细胞发生凋亡时经常伴随着caspase酶的活化,而荧光素偶联的caspase抑制剂(fluorochrome-labeled inhibitors of caspases, FLICA)能够与活化的caspase酶的中心位点结合,所以FLICA可以用于检测细胞凋亡。使用此法检测细胞凋亡与流式测定活化的caspase-3检测细胞凋亡相似,两者都是检测早期的凋亡细胞(Pozarowski et al, 2003)。

商品化的可用于检测细胞凋亡的FLICA有荧光素FAM偶联的,

如 FAM-VAD-FMK(FAM-Val-Ala-Asp-fluoro-methyl-Rerone) 和 FAM-DEVD-FMK等; 有荧光素FITC偶联的, 如FITC-VAD-FMK等, 荧光素FAM和FITC都是由波长为488nm的激光激发, 发射的荧光信号都是被FITC通道(FL1)接收。标记FLICA的方法比较简单, 将适当浓度的FLICA(10μmol/L)直接加入样品细胞的单细胞悬液中即可, 不需要提前固定和打孔细胞, 避光条件下标记1h后, 用PBS洗涤一次就可以流式上样分析。

5.5.7 甲酰胺诱导ssDNA单抗检测法

细胞凋亡最本质的特点是染色质凝聚, 而凝聚的染色质更易发生热变性, 甲酰胺(formamide)是一种常用的DNA变性剂, 在低温条件下能够选择性地使凋亡细胞的DNA变性, 无法使非凋亡细胞的DNA变性, 而抗ssDNA单抗F7-26可以特异性地结合变性后的DNA, 所以甲酰胺结合荧光素偶联的抗ssDNA单抗就能够特异性检测细胞凋亡, 这就是细胞凋亡的甲酰胺诱导ssDNA单抗检测法(formamide-Mab assay)(Frankfurt et al, 2001)。

检测时, 先固定细胞, 可以用甲醇和PBS以6:1的比例混合作为固定剂, 然后离心沉淀, 用甲酰胺重悬细胞, 50~60℃水浴中作用10~20min, 使凋亡细胞的DNA发生变性, PBS洗涤细胞, 然后用荧光素偶联的抗ssDNA单抗F7-26标记细胞, 4℃静置30min, 流式PBS重悬细胞即可流式上样分析。

图5-24所示的是用甲酰胺诱导ssDNA单抗检测法检测细胞凋亡的流式直方图。图5-24A所示的是对照组的结果, 对照组的细胞基本上都是正常的活细胞; 图5-24B所示的是用凋亡诱导剂处理3h后的样品细胞的结果, 大约30%的细胞显示FL1阳性, 说明有30%左右的细胞发生了凋亡; 图5-24C所示的是用凋亡诱导剂处理5h后的结果, 基本上所有的细胞都显示FL1阳性, 说明基本上所有的细胞都发生了凋亡; 图5-24D所示的是用坏死诱导剂处理后的结果, 从图中可以看出, 基本上没有FL1阳性的细胞, 说明坏死细胞的DNA在用此法处理时不会发生

变性,也就无法结合荧光素偶联的F7-26。所以,此法能够较为特异地检测发生凋亡的细胞,不仅能够鉴别凋亡细胞和正常活细胞,还能够鉴别凋亡细胞和坏死细胞。

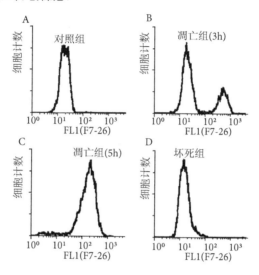

图5-24 **甲酰胺诱导ssDNA单抗检测法流式图**

5.5.8 TUNEL法

TdT介导的dUTP缺口末端标记法(TdT mediated-dUTP nick end labelling, TUNEL)是20世纪90年代发展起来的检测细胞凋亡的方法,可用于石蜡包埋组织切片和冰冻组织切片的免疫组织化学分析和单细胞悬液的流式细胞术分析。细胞凋亡时,核酸内切酶被活化,细胞内双链DNA上会出现很多不对称的断裂点,此时加入脱氧核苷酸末端转移酶(terminal deoxynucleotidyl transferase, TdT)和荧光素偶联的dUTP,TdT可以催化荧光素偶联的dUTP连接到凋亡细胞DNA上的这些断裂点,而荧光素偶联的dUTP不能连接到活细胞内完整的DNA,流式分析就可以区别凋亡细胞和正常活细胞。TUNEL法检测细胞凋亡时需要将外源性的荧光素偶联的dUTP和TdT导入细胞内,而凋亡细胞和活细胞的细胞膜都是完整的,所以标记时首先要用固定剂固定细胞,然后用打孔剂在细胞上打孔,让荧光素偶联的dUTP和TdT进入细胞内才能完成标记过程。

TUNEL法不仅能够识别凋亡细胞中由核酸内切酶催化产生的DNA断点,而且能够识别有丝分裂DNA复制时产生的组成性生理性切口和组蛋白转录后修饰点,以及坏死细胞的随机DNA断点。因此,TUNEL法检测细胞凋亡的特异性并不高,无法区分凋亡细胞、有丝分裂的细胞和坏死细胞。

5.6　检测细胞周期

细胞周期就是从细胞分裂产生的新细胞生长开始到下一次细胞分裂形成子细胞结束为止所经历的过程,主要分为G_0期、G_1期、S期、G_2期和M期。G_0期细胞是指处于相对静止时期的细胞,细胞暂时不参与细胞的增殖而执行一定的生物学功能,所以细胞是二倍体,含有二倍体量的DNA;G_1期即DNA合成前期,此时细胞为下一次有丝分裂准备DNA合成所需要的各种物质和能量等,细胞仍为二倍体;S期即DNA合成期,此期是细胞周期中的关键时期,DNA的量经过复制增加一倍,所以S期细胞内的DNA处于从二倍体量到四倍体量的连续增加过程;G_2期即DNA合成后期,此时DNA合成已经完成,为下一步有丝分裂做准备,细胞为四倍体;M期即细胞分裂期(mitosis),在分裂完成前细胞仍为四倍体。而M期又可以进一步分为前期(prophase)、中期(metaphase)、后期(anaphase)和末期(telophase)。

在流式细胞术应用之前,检测细胞周期所需要的时间非常长,而且步骤繁多,自从流式细胞术应用于细胞周期检测后,细胞周期的研究进入了高速发展的时期。本节主要介绍非特异性核酸荧光染料标记法和特异性细胞周期调节蛋白检测法,重点介绍第一种方法。

5.6.1　非特异性核酸荧光染料标记法

处于不同细胞周期的细胞DNA含量不同,处于G_0和G_1的细胞含有二倍体量的DNA,处于S期的细胞含有从二倍体量至四倍体量的DNA,处于G_2和M期的细胞含有四倍体量的DNA。所以,利用非特异性核酸荧光染料与细胞内的DNA结合,通过流式检测就能反映细胞内DNA的含量,区分细胞周期的$G_{0/1}$期、S期和G_2/M期。

1. 非特异性核酸荧光染料简介

流式检测细胞周期使用的非特异性核酸荧光染料主要可以分为细胞膜非通透性染料和细胞膜通透性染料。细胞膜非通透性染料不能自由进入细胞膜完整的细胞,所以标记时需要通过固定等方法增加细胞膜的通透性,使染料能够进入细胞内与核酸结合,但是细胞经此处理后一般都失去了活性,所以这些染料不能用于流式分选有活性的、处于不同细胞周期的细胞,其中应用最为广泛的就是PI染料。细胞膜通透性染料可以自由进入细胞膜完整的细胞,因此可以直接标记活细胞,流式分选处于不同细胞周期的具有活性的细胞用于进一步研究,这些染料包括Hoechst、DAPI和DRAQ5等。非特异性核酸荧光染料总结于表5-3。

表5-3　流式检测细胞周期核酸荧光染料表

染料名称	类别	特点
auroamine O 和acriflavine	细胞膜非通透性	最早使用,耗时,步骤多
PI(propidium iodide)	细胞膜非通透性	应用最广泛
EB(ethidium bromide)	细胞膜非通透性	与PI类似
mithramycin	细胞膜非通透性	457nm激光激发,应用不广
DAPI(4'-6-diamidino-2-phenylindole)	细胞膜通透性	CV值最小,但需UV激发
Hoechst33342和Hoechst33258	细胞膜通透性	活细胞标记,但需UV激发
DRAQ5	细胞膜通透性	488nm激光可激发,有毒性
AO(acridine orange)	细胞膜非通透性	可区分细胞的5个周期

auroamine O和acriflavine是流式检测细胞周期最早使用的两种核酸荧光染料,但是标记时步骤繁琐,而且耗时较长,现已基本不用。EB(ethidium bromide)和PI(propidium iodide)是同一类染料,其中PI是流式检测细胞周期应用最为广泛的荧光染料。EB和PI能够结合双链DNA和RNA,结合之后发射荧光信号的能力提高20~30倍。因为它们是细胞膜非通透性染料,所以标记时需要用乙醇等固定同时提高细胞

膜的通透性,才能标记EB或者PI,另外标记时需加入RNA酶降解RNA,从而防止染料结合RNA。光辉霉素(mithramycin)也是一种细胞膜非通透性染料,但是需用457nm激光激发,发射该波长激光的激光器并不常用,从而限制了该染料的应用。

DAPI($4'$-6-diamidino-2-phenylindole)染料标记DNA时,染色质的组成和结构差异对其影响最小,所以可以得到最小的CV值,标记效果最好,但是DAPI需用紫外激光器激发,在一定程度上影响了它的应用。Hoechst33258和Hoechst33342是细胞膜通透性染料,其中Hoechst33342应用更为广泛,流式分选侧群干细胞就是使用该染料,它们最大的特点是可以标记活细胞,可用于流式分选,但是它们需要紫外激光器激发。DRAQ5也是细胞膜通透性染料,可用于标记活细胞,常规配备的488nm激光器就可以激发该染料,但是该染料具有一定的细胞毒性,长时间标记会影响细胞的活性。AO染料最为特殊和神奇,与以上只能区分$G_{0/1}$期、S期和G_2/M期的细胞不同,它可以较为准确地区分G_0期、G_1期、S期、G_2期和M期的细胞,AO染料标记将在后面作具体介绍。

2. PI标记法检测细胞周期

PI染料即碘化丙啶,是流式检测细胞周期应用最为广泛的荧光染料。PI能够与细胞内的双链DNA和RNA结合,被488nm激光激发后发射红荧光,与核酸结合之后其发射荧光信号的能力会提高20~30倍。PI染料不能自由穿过活细胞完整的细胞膜,标记时需先用乙醇固定细胞,同时使细胞膜的通透性增加,这样PI染料就能通过细胞膜进入细胞内与核酸结合,标记时需同时加入RNA酶消化细胞内的RNA,使PI只能与细胞内的DNA结合,反映细胞内DNA的含量,继而通过细胞内DNA的含量确定细胞周期。

后来发展了用低渗的柠檬酸溶液一步标记PI染料法,细胞在低渗的条件下其细胞膜的通透性增加,PI染料就可以进入细胞膜与细胞内的DNA结合,此法简便、快速,应用更为广泛。

PI标记方法一(乙醇固定法):

（1）将需要分析的目标细胞制成单细胞悬液,取 2×10^6 细胞,离心沉淀,弃上清。

（2）200μl PBS重悬沉淀于1.5ml Eppendorf管中,缓慢加入1ml预冷(保存于4℃)的70%乙醇固定目标细胞。充分混匀,4℃静置30min。

（3）离心沉淀,弃上清,200μl 适当浓度的PI染液重悬细胞,同时加入RNA酶,充分混匀,4℃静置30min。

（4）离心沉淀,弃上清,200μl 流式PBS重悬沉淀,流式上样分析。

PI标记方法二(低渗法):

（1）低渗柠檬酸标记液配制:柠檬酸三钠 0.25g、TritonX-100 0.75ml、PI 0.025g、RNA酶 0.005g,用双蒸水补足至250ml。

（2）将需要分析的目标细胞制成单细胞悬液,取 2×10^6 细胞,离心沉淀,弃上清。

（3）1ml低渗柠檬酸标记液重悬沉淀,充分混匀,4℃静置30min。

（4）离心沉淀,弃上清,200μl 流式PBS重悬沉淀,流式上样分析。

检测细胞内DNA含量时必须保证样品内的细胞都是处于单细胞状态,但是在实际样品中经常会出现粘连的双细胞和多细胞团块,而流式细胞仪可能会将粘连在一起的两个二倍体细胞当作是一个四倍体的细胞,如果粘连的细胞较多而没有在分析时排除,流式分析时就会得到比实际情况高很多的 G_2/M 期细胞的比例,得到的流式结果就不准确。

所以,在检测细胞内DNA含量时应尽量排除粘连的双细胞和多细胞团块等的影响:① 样品处理过程中可以适当加入EDTA,尽量减少细胞之间的粘连;② 在流式上样前用40μm的滤网过滤,除去较大的多细胞团块;③流式分析时尽量降低上样速度,尽量避免流式细胞仪将两个相邻的细胞当做一个细胞分析;④ 流式分析时先在FSC-SSC物理图中圈定目标细胞群,排除多细胞团块的影响;⑤ 以FL2接收PI荧光信号检测细胞内DNA含量为例,将目标细胞群显示于FL2A(area)-FL2W(width)散点图中,粘连的两个二倍体细胞可能与一个四倍体细胞的FL2A信号相同,但是FL2W的信号却不同,粘连的双细胞的FL2W

值比单细胞要大,可以在散点图中将单细胞设门显示于FL2A直方图中,再分析细胞周期,如图5-25所示。

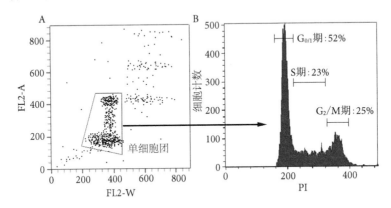

图5-25　PI标记法检测细胞周期流式图

图5-25B显示的是PI染色法检测细胞周期的直方图。图中的两个峰分别为二倍体峰和四倍体峰,两峰之间的部分是DNA含量处于二倍体量和四倍体量之间的细胞。所以,二倍体峰的细胞是处于$G_{0/1}$期的细胞,占52%;两峰之间的细胞是处于S期的细胞,占23%;四倍体峰的细胞是处于G_2/M期的细胞,占25%。

从细胞周期直方图中可以得出一个比较重要的指标,就是增殖指数(proliferous index, PI)。它是指处于S期和G_2/M期的细胞占所有细胞的比例,S期和G_2/M期的细胞内DNA含量都多于二倍体量,细胞已经进入下一轮分裂的进程,处于此两期的细胞比例越多,说明细胞增殖越活跃,可以根据增殖指数判断细胞增殖的活跃程度。所以,PI标记法检测细胞内DNA含量也可以用于检测细胞增殖。

3. AO染料标记法区分五期细胞

通过分析细胞内DNA含量这一单变量检测细胞周期,只能区分$G_{0/1}$期、S期和G_2/M期的细胞,而无法进一步区分DNA含量相同的G_0期和G_1期以及G_2期和M期,而利用AO(acridine orange,吖啶橙)染料可以区分G_0期、G_1期、S期、G_2期和M期的细胞。AO染料可以与双链核酸结合,结合后主要发射绿荧光(约530nm);也可以与单链核酸结合,结合后主要发射红荧光(约640nm),所以,标记AO染料实际上可以得到双变量,从而进一步区分DNA含量相同的细胞周期。

虽然G_0期和G_1期细胞的DNA含量相同,但是RNA含量却相差很大,G_1期细胞的RNA含量是G_0期细胞的很多倍,所以使细胞内的RNA选择性变性,AO染料就可以结合这些变性的单链RNA发射红荧光,根据细胞红荧光信号的强弱就可以区分G_0期和G_1期细胞。而且,通过此方法可以根据细胞内RNA含量的不同进一步区分G_1早期细胞(G_{1A})和G_1晚期细胞(G_{1B})。当然,如果用Hoechst33342标记DNA,用pyronin Y染料标记RNA,也可以区分G_0期、G_1期、S期、G_2/M期的四期细胞。

AO染料标记的另一个方案可以进一步区分G_2期和M期的细胞。首先用RNA酶降解细胞内的RNA,然后用加热或者酸化的方法使细胞内的DNA部分变性,最后标记AO染料,AO结合未变性的双链DNA后发射绿荧光,结合变性后的单链DNA后发射红荧光。因为G_0期细胞的DNA比G_1期细胞更易变性,而且M期细胞的DNA比G_2期细胞更易变性,所以此方法可以区分G_0期、G_1期、S期、G_2期和M期五期细胞,如图5-26所示。

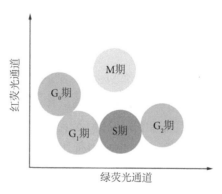

图5-26 **AO标记检测细胞周期示意图**

5.6.2 特异性细胞周期调节蛋白检测法

细胞周期蛋白(cyclin)、细胞周期蛋白依赖的激酶(CDK)、CDK的抑制剂(CKI)、视网膜母细胞瘤(retinoblastoma, Rb)家族蛋白和泛素介导的蛋白水解复合物APC或SCF等都是与细胞周期调节有关的蛋白质分子,这些分子在不同的细胞周期表达水平不同,DNA含量检测的同时标记荧光素偶联的这些蛋白质分子的单克隆抗体,利用流式细胞术就可以检测细胞周期,不仅可以区分G_0期、G_1期、S期、G_2期和M期的细胞,而且可以进一步细分M期的细胞。

同是二倍体的G_0期和G_1期细胞,G_0期细胞不表达cyclin D和cyclin E,Rb蛋白的磷酸化水平低,所以流式检测这些蛋白分子可以区分G_0期和G_1期细胞。而且,标记细胞周期蛋白可以检测肿瘤细胞经常出现的反常(unscheduled)细胞周期,如表达cyclin A或者cyclin B1的G_1期细胞,表达cyclin D或者cyclin E的G_2期细胞等。

M期的最好标志是磷酸化的组蛋白H3,磷酸化的MPM-2也是M期的标志。cyclin A和cyclin B1在分裂前期表达量最高或接近最高峰。细胞从分裂前期进入分裂中期时cyclin A被降解,所以分裂前中期细胞表现为低于最高峰的cyclin A和最高峰或者接近最高峰的cyclin B1,而分裂中期细胞不表达cyclin A,但表达最高峰或者接近最高峰的cyclin B1。细胞进入分裂后期cyclin B1也被降解。

5.7 检测细胞杀伤能力

细胞杀伤功能是CTL细胞(细胞毒性T细胞)和NK细胞特有的细胞功能,它们能够通过表达诱导细胞凋亡的配体,如FasL,分泌诱导细胞凋亡的细胞因子,如TNF-α和TRAIL等,分泌细胞毒性分子,如穿孔素和颗粒酶等,诱导病毒感染细胞和肿瘤细胞等的死亡。两者不同的是CTL杀伤是抗原特异性的,而NK细胞的杀伤是抗原非特异性的。

细胞杀伤功能检测经典的方法是^{51}Cr释放实验:用带有放射性核素^{51}Cr的Na^{51}CrO$_4$标记靶细胞,当其进入增殖期靶细胞后,可与细胞内的大分子物质如蛋白质结合,当细胞被NK细胞或者CTL细胞杀伤后,释放出细胞内的^{51}Cr,通过测定死亡靶细胞释放到培养上清中^{51}Cr的放射率,就可以间接反映细胞的杀伤活性。^{51}Cr具有放射性,操作时须注意防护。杀伤功能检测的关键是鉴别靶细胞是否死亡,而流式细胞术可以明确定量分析死亡细胞,所以用流式细胞术检测细胞的杀伤功能比 ^{51}Cr释放法简单而且安全,应用更加广泛。

利用流式细胞术检测细胞杀伤不仅可以非常明确地得到被杀伤靶细胞的比例,而且可以进一步比较被杀伤的靶细胞和未被杀伤的靶细胞的表型、合成的细胞因子等方面的差别,进一步研究靶细胞杀伤的机制等。这些都是 ^{51}Cr释放实验无法实现的。

方法与注意事项:

(1) NK细胞或者CTL细胞与靶细胞根据不同的比例共培养于96孔板中,在孵箱中培养一段时间,一般为6~12h,时间过长,被杀伤的细胞可能碎裂从而影响统计结果。同时设定只有靶细胞的对照组,检测靶细胞的自然死亡率,结果分析时需将自然死亡率从杀伤组中检测到的靶细胞的死亡率中扣除,剩余的死亡率才是由NK细胞或者CTL细胞杀伤导致的。当然,如果是比较两种细胞之间杀伤能力的大小,就不需要扣除自然死亡率,因为两者都存在自然死亡率,可以相互抵消。

(2) 收集培养板中的细胞,标记荧光素偶联抗体。首先需要区分杀伤细胞和靶细胞:如果测定的是CTL的杀伤,则标记荧光素偶联抗CD8抗体,因为此时样品细胞中只有CTL和靶细胞,而CTL细胞是CD8阳性的,所以流式图中CD8阴性的细胞就是靶细胞;如果测定的是人NK细胞的杀伤,则标记标记荧光素偶联抗CD56抗体,CD56阴性的细胞就是靶细胞;如果测定的是C57BL/6小鼠NK细胞的杀伤,则标记荧光素偶联抗NK1.1抗体,NK1.1阴性的细胞就是靶细胞;如果无法用荧光素偶联抗体鉴别杀伤细胞和靶细胞,可以用CFSE或者PKH-26等标记靶细胞后再与杀伤细胞共培养。然后再检测靶细胞中被杀伤细胞的比例,如同时标记FITC-annexin V和7AAD。

(3) 对照组中只标记FITC-annexin V和7AAD, annexin V$^-$7AAD$^-$细胞的比例就是对照组中活细胞的比例,用100%减去这个活细胞比例就是靶细胞自然死亡率。

(4) 杀伤组靶细胞的死亡率计算方法。以检测C57BL/6小鼠NK细胞的杀伤活性时标记NK1.1抗体为例:NK1.1$^-$代表的就是全体靶细胞,NK1.1$^-$annexin V$^-$7AAD$^-$代表的是具有活性的靶细胞,所以 NK1.1$^-$(NK1.1$^-$annexin V$^-$7-AAD$^-$)代表的就是死亡的靶细胞,死亡 的靶细胞占所有靶细胞的比例就是杀伤组靶细胞的死亡率。这个死亡 率是由两部分组成的,一部分是自然死亡率,另一部分是由NK细胞的杀 伤导致的死亡率,所以这个死亡率减去对照组中的靶细胞的自然死亡率 就是NK细胞杀伤靶细胞的死亡率,代表的就是NK细胞的杀伤活性。

利用流式细胞术检测细胞是否被杀伤有很多种方法,上述方法中 使用的是annexin V和7-AAD双标记法,即将双阴性细胞视为未被杀伤 的靶细胞,单阳性和双阳性细胞都被视为被杀伤的靶细胞。流式检测 细胞凋亡的各种方法、7AAD单染法、PI染色法、TO-PRO-3染色法等也 都可以用于区别被杀伤和未被杀伤的靶细胞。但是各种方法的灵敏度 和检测的结果可能会有差异,实验者应根据自己的实际情况选择适当 的方法。

例1:

图5-27引自[引文1],显示的是作者用流式细胞术检测荷瘤小鼠脾 脏来源的NK细胞杀伤靶细胞Yac-1的能力随肿瘤进展的变化情况。NK 细胞与Yac-1细胞根据不同的比例(设5:1、10:1、25:1和50:1四组)在体外 共培养12h,收集细胞后标记APC-NK1.1、FITC-annexin V和7-AAD荧 光抗体,NK1.1$^-$代表的是全体靶细胞Yac-1,NK细胞杀伤活性的具体 计算方法请参照本节的方法。

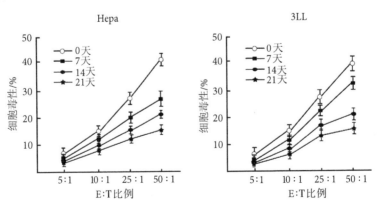

图5-27 流式检测NK细胞杀伤功能举例

　　从图中可以看出,E:T比例越高,NK细胞的杀伤活性越高。来源于Hepa原位肝癌(左图)和3LL原位肺癌(右图)脾脏的NK细胞随着肿瘤的进展其杀伤活性越来越弱,这种变弱趋势在E:T为50:1时最为明显,从正常小鼠("0天")的40%左右下降到肿瘤晚期小鼠("21天")的15%左右。

　　例2:

　　图5-28引自[引文3],显示的是作者用流式细胞术检测李斯特菌感染第8天小鼠脾脏内的CD11c^{high}CD8$^+$T细胞、CD11c^{low}CD8$^+$T细胞和CD11c$^-$CD8$^+$T细胞的杀伤功能。图5-28A所示的是在体外这3个T细胞亚群杀伤EG7靶细胞的能力,效应细胞取自LmOVA李斯特菌(转染了OVA抗原的李斯特菌)感染第8天小鼠的脾脏,利用流式细胞术分选得到这3个T细胞亚群,因此这些亚群细胞中均含有OVA抗原特异性的CD8 T细胞,EG7细胞是转染了OVA抗原的EL4淋巴瘤细胞株,作为CD8 T细胞杀伤的靶细胞,因此,如果这些CD8 T细胞具有杀伤功能,那么这些OVA特异性的CD8 T细胞亚群就能够杀伤表达OVA抗原的EG7靶细胞。作者将分选得到的CD11c^{high}CD8$^+$T细胞、CD11c^{low}CD8$^+$T细胞和CD11c$^-$CD8$^+$T细胞分别以不同的效靶比(效应细胞与靶细胞的比例,E/T ratio)在体外共培养6h,然后收集细胞,标记7AAD,共培养体系中CD8阴性细胞就是EG7靶细胞,其中7AAD阳性的EG7细胞就是被CD8 T细胞杀伤的靶细胞,计算得到的被杀伤的靶细胞占所有的靶细胞的比例就代表该CD8 T细胞亚群的杀伤能力(以杀伤率表示)。从图5-28A中,可以发现CD11c$^-$CD8$^+$T细胞基本没有杀伤功能;CD11c^{low}CD8$^+$T细胞具有较强的杀伤功能,当效靶比在40:1时,杀伤率能够接近50%,说明此时有将近一半的靶细胞被杀伤;而CD11c^{high}CD8$^+$T细胞具有最强的杀伤功能,当效靶比在40:1时,杀伤率能够达到80%左右,几乎达到了CD11c^{low}CD8$^+$T细胞杀伤功能的2倍。

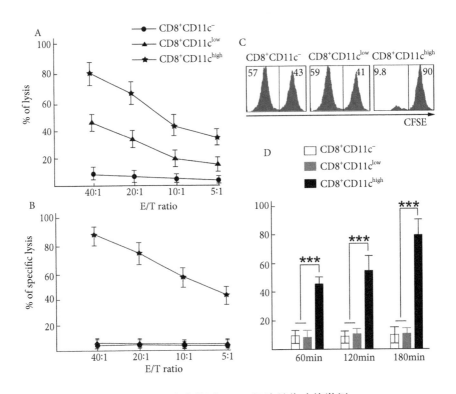

图 5-28　流式检测CD8 T细胞杀伤功能举例

图 5-28B所示的是在体外这3个CD8 T细胞亚群特异性的杀伤活化的CD4 T细胞的情况。效应细胞纯化自LmOVA李斯特菌感染OT I小鼠第8天的脾脏,因此,效应细胞都是OVA抗原特异性的;靶细胞取自LmOVA李斯特菌感染(DO11.10×C57BL/6)杂交第一代小鼠第8天的脾脏,流式分选其中CD4+KJ1-26+细胞作为靶细胞,因此,靶细胞也都是OVA抗原特异性的。作者将纯化得到的3种效应细胞分别以不同的效靶比与靶细胞在体外共培养6h,然后收集细胞,标记7AAD,计算CD4 T细胞中7AAD阳性细胞的比例代表效应细胞的杀伤能力。从图 5-28B中,可以发现CD11c⁻CD8⁺ T细胞和CD11clowCD8⁺ T细胞均没有杀伤活化的CD4 T细胞的能力,而CD11chighCD8⁺ T细胞却具有非常强的杀伤活化的CD4 T细胞的能力,当效靶比在40∶1时,杀伤率达到了90%左右。这一实验证明了作者的猜测,在感染后期诱导产生的

CD11c^{high}CD8⁺ T细胞能够通过杀伤活化的CD4 T细胞下调抗感染免疫反应的强度,是一个新型的CD8调节性T细胞亚群。

图5-28C和D所示的是体内实验检测这3个CD8 T细胞亚群杀伤活化的CD4 T细胞的能力,以验证体外实验的结果。在体内,活化的CD4 T细胞一旦被CD8 T细胞杀伤,就会很快被吞噬清除,所以体内实验检测细胞杀伤功能时,无法直接检测到被杀伤的细胞,也因此无法通过7AAD标记后计算杀伤率体现细胞体内的杀伤功能,但是可以通过比较杀伤后剩余的活细胞的数量来间接的反映杀伤细胞的杀伤能力。作者取李斯特菌感染第8天小鼠的脾脏,流式分选CD69阳性活化的CD4 T细胞和CD69阴性非活化的CD4 T细胞作为靶细胞和靶细胞的对照细胞,分别标记低浓度(0.05μmol/L)和高浓度(0.5μmol/L)的示踪染料CFSE以在体内相互区分,然后将这2种细胞等量混匀后静脉输入正常C57BL/6小鼠体内。半小时后,分别输入纯化自李斯特菌感染第8天小鼠的这3个CD8 T细胞亚群(效应细胞),然后分别在1h、2h和3h后取小鼠的脾脏,计算杀伤剩余的CFSE低浓度的活化的CD4 T细胞与作为对照的CFSE高浓度的非活化的CD4 T细胞的比例。效应细胞和靶细胞均来自于李斯特菌感染的小鼠,所以两者均是李斯特菌特异性的,所以此体内杀伤实验也是抗原特异性的,只是并非是单一抗原特异性而已。从图5-28C中,可以发现3h后,输入CD11c⁻CD8⁺ T细胞和CD11c^{low}CD8⁺ T细胞组,体内活化的CD4 T细胞量与作为对照的非活化的CD4 T细胞量相当,说明CD11c⁻CD8⁺ T细胞和CD11c^{low}CD8⁺ T细胞在体内均不能杀伤活化的CD4 T细胞;而输入CD11c^{high}CD8⁺ T细胞组,相比于非活化的CD4 T细胞,活化的CD4 T细胞大幅度减少,说明这些细胞大量的被输入的CD11c^{high}CD8⁺ T细胞杀伤清除了,证明了CD11c^{high}CD8⁺ T细胞在体内也具有杀伤活化的CD4 T细胞的功能。图5-28D显示的是用特定的公式根据剩余的活化的CD4 T细胞和作为对照的非活化的CD4 T细胞的比例计算的体内杀伤率,也同样说明了只有CD11c^{high}CD8⁺ T细胞在体内能够杀伤活化的CD4 T细胞,其体内杀伤率随着杀伤时间的延长而有所增加。

5.8 检测细胞吞噬功能

巨噬细胞、中性粒细胞和树突状细胞(DC)等都具有很强的吞噬功能(phagocytosis),这些细胞的吞噬功能对于免疫系统正常功能的发挥非常重要。外源病原微生物侵入机体后,中性粒细胞立即被招募至入侵部位,吞噬清除病原微生物;巨噬细胞在体内能够吞噬外源病原微生物或者颗粒性物质,吞噬病毒感染细胞,吞噬体内的凋亡细胞和癌变细胞;DC能够吞噬外源病原微生物并将抗原提呈给T细胞,启动特异性免疫应答。

检测细胞的吞噬功能是细胞免疫学研究的重要内容之一,利用流式细胞术可以非常简便和快速地检测免疫细胞的吞噬功能。流式检测细胞吞噬功能使用荧光素偶联的小颗粒性物质,如FITC偶联的BSA、FITC偶联的OVA或者FITC偶联的酵母多糖(zymosan)等,与目标细胞在37℃作用一段时间,一般是2~4h,目标细胞如果有吞噬功能,就能够吞噬这些荧光素偶联的小颗粒性物质,使具有吞噬功能的细胞带上荧光素,流式细胞仪通过检测相应通道上荧光信号的强弱就可以区分目标细胞是否具有吞噬功能以及吞噬功能的强弱。检测时需要同时设置对照组,荧光素偶联的小颗粒性物质与目标细胞在4℃作用相同时间,吞噬细胞在4℃时没有吞噬功能,设置此对照组就可以排除非吞噬性结合产生的荧光信号。

检测吞噬细胞吞噬凋亡细胞的能力也比较简单,先用CMFDA(5-chloromethylfluorescein diacetate)等非特异性染料标记靶细胞,再诱导靶细胞凋亡,然后将靶细胞与吞噬细胞共培养一段时间,流式检测CMFDA阳性的吞噬细胞占所有吞噬细胞的比例,就可以得到吞噬细胞吞噬凋亡细胞的能力。

利用流式细胞术检测细胞的吞噬功能具有以下几个优点:① 流式检测时不需要纯化目标细胞,只需用荧光素偶联标志性抗体标记目标细胞以区别非目标细胞即可,而且可以将不同的目标细胞置于同一个样品中检测,同时加入非足量荧光素偶联的小颗粒性物质,使它们竞争性吞噬以更加直接明确地比较它们之间吞噬功能的强弱；② 流式检测时可以明确得到具有吞噬功能的目标细胞的比例，如果目标细胞吞噬功能具有强弱之分，还可以定量得到具有强吞噬功能和弱吞噬功能的目标细胞的比例；③ 流式分析时可以同时标记不同荧光素偶联表面抗原的抗体，从而得到目标细胞的吞噬功能与表达相应表面抗原分子关系的信息，比较目标细胞不同亚群之间吞噬功能的差别，研究目标细胞吞噬功能的影响因素及相关机制等。

例：

图5-29引自[引文5]，显示的是作者流式检测肝基质诱导的调节性DC(LRDC)和常规骨髓来源的成熟DC(cDC)的吞噬功能的流式图。实验组为LRDC或cDC与FITC偶联的BSA(BSA-FITC)在37℃共同作用4h，各自的对照组为在4℃共同作用4h。图5-29是由4张流式直方图组合而成的，分别是LRDC和cDC的实验组(37℃)和各自对照组(4℃)的流式结果，图中的数字表示各组荧光信号的平均荧光强度。从图中可以看出，基本所有的LRDC和cDC都具有吞噬功能，相比较而言，LRDC的吞噬功能要强于cDC。

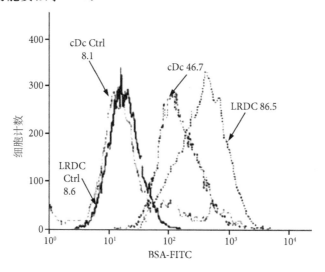

图5-29　流式检测细胞吞噬功能举例

167

5.9　检测胞内活化的激酶

配体与细胞表面的受体结合后会引起细胞一系列的变化,受体活化后如何将这个活化信号传导到细胞内部,使细胞做出反应,即信号传导通路的研究,是目前分子生物学的一个研究热点。而研究受体的信号通路,需要检测信号通路上的各个信号分子,其中很多信号分子都是激酶,如丝裂原活化的蛋白激酶家族(mitogen-activated protein kinases, MAPK),包括p38 MAPK、p44/42 MAPK和JNK/SAPK等,细胞存活通路信号分子AKT/PKB等和T细胞活化通路信号分子TYK2等。这些激酶一般以两种状态存在,即磷酸化后的活化状态和去磷酸化后的非活化状态,信号通路被激活后,其通路上的信号分子多以磷酸化的活化状态存在。所以,检测活化的激酶(磷酸化信号分子)对于信号传导通路的研究非常重要。

检测某信号分子的总量或者磷酸化后活化的该信号分子一般采用蛋白质印迹法,就是将细胞碎裂后提取蛋白质,然后用抗体检测其中是否含有相应的信号分子。蛋白质印迹法步骤多,对操作者的技术要求也较高,需时较长,并且检测一次所需要的目标细胞的量也较多。流式细胞术也可以检测细胞内活化的激酶(磷酸化信号分子),其方法与检测细胞内的抗原分子方法一致,就是先固定细胞,然后用打孔剂打孔细胞,再标记荧光素偶联的抗磷酸化信号分子抗体,然后流式上样分析。与蛋白质印迹法相比,流式检测法不仅方法简单,需时短,所需的目标细胞少,而且更重要的是利用流式细胞术可以得到目标细胞中含有该磷酸化信号分子的比例,而蛋白质印迹法只能说明检测的细胞群中有磷酸化信号分子,而无法判断是所有细胞都有,还是部分细胞有,更无法得到具体的比例。

例:

图5-30引自[引文2],显示的是作者用流式细胞术检测荷瘤小鼠脾脏内CD4$^+$CD69$^+$CD25$^-$T细胞和CD4$^+$CD69$^-$T细胞内磷酸化ERK1/2的表达情况。标记时先标记表面抗原分子的荧光抗体,即荧光素偶联

的抗CD4、CD69、CD25抗体,然后固定细胞,用打孔剂打孔细胞,再标记荧光素偶联的抗磷酸化ERK1/2信号分子抗体。图5-30A显示的是这两群细胞表达磷酸化ERK1/2的散点图,图5-30B显示的是这两群细胞表达磷酸化ERK1/2信号分子的平均荧光强度。从图中可以看出,有58.9%的CD4⁺CD69⁺CD25⁻T细胞ERK1/2信号分子活化,而只有12.6%的CD4⁺CD69⁻T细胞ERK1/2信号分子活化,平均荧光强度也是CD4⁺CD69⁺CD25⁻T细胞明显要强。

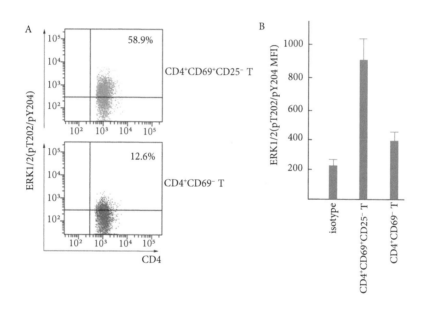

图5-30　流式检测磷酸化信号分子举例

5.10　检测细胞自噬

自噬(autophagy),又称为II型凋亡,最早是在1962年由波特(Porter)提出的,尽管这个概念从提出到现在已经有50多年,但是自噬这个过程的很多方面至今都没有研究清楚。自噬实际上描述的是细胞内的一种降解过程,细胞内失去正常功能的成分包括蛋白质和细胞器(如线粒体)以及入侵细胞内的病原体等将进入溶酶体内降解。至今为止,还没有研究清楚自噬过程对于包括肿瘤和神经退行性疾病等在内的病理过程是一种保护性的还是促进性的作用。细胞质内需要降解的成分被包被在双层膜结构内,形成自噬体(autophagosome),自噬体的形成是自噬现象的重要特征之一。自噬体与附近的溶酶体融合形成自噬溶酶体(autolysosome, autophagolysosome),然后自噬体内的成分就会被溶酶体内的水解酶降解。自噬现象实际上是细胞为了应付体内外环境改变的一种"自我救赎"。很多刺激包括氨基酸饥饿、雷帕霉素(rapamycin)、氯奎(chloroquine, CQ)和衣霉素(tunicamycin)等都能够诱导细胞的自噬。

监测自噬过程最早使用的是电子显微镜,电子显微镜能够发现双层膜结构的自噬体和单层膜结构的自噬溶酶体。通过检测自噬标志性蛋白,蛋白质印迹法能够定量检测细胞内自噬的程度。自噬标志性蛋白就是微管相关蛋白(microtubule-associated protein)轻链LC3 I和LC3B (LC3 II),在正常情况下,该蛋白是以LC3 I的形式位于细胞浆内的,但是当其被切割并被脑磷脂酯化后就会以LC3B的形式掺入到自噬体内。基于这种LC3蛋白的流式细胞术检测细胞自噬主要有2种方法。一种是利用GFP-LC3融合蛋白,将该融合蛋白转染到需要检测的目标细胞内,当细胞在某种刺激下发生自噬时, GFP-LC3融合蛋白就会以GFP-LC3B的形式掺入到自噬溶酶体中,自噬溶酶体内是酸性的环境,在酸性环境下, GFP荧光蛋白在488nm激发照射下发射荧光的能力将显著性的减弱,明显弱于未发生自噬时处于细胞浆碱性环境下的荧光信号,因此通过比较FL1荧光通道内接收到的信号的强弱就可以判断细胞是否发生自噬以及发生自噬的程度。第二种更加简单,就是直接标记荧光素偶联的抗LC3B抗体,相当于检测胞内的表型分子,细胞只有在自噬发生时才会有LC3B蛋白产生,才能标记上抗LC3B抗体,同样的,因为检测的是胞内的分子,标记前需要固定打孔处理,打孔剂可用0.25%的Triton X-100,室温处理15min就可以标记。目前还没有商品化的荧光素偶联的抗LC3B抗体,但有抗LC3B抗体,可以间接标记,比如先标记兔来源的抗LC3B多克隆抗体,然后再标记荧光素偶联的羊抗兔IgG的抗体。

　　LysoTracker染料也能用于检测细胞自噬,虽然机制不明,但是LysoTracker染料能够染色细胞内的酸性球形细胞器,比如溶酶体和自噬溶酶体。当细胞发生自噬时,细胞内会产生自噬体和自噬溶酶体,虽然LysoTracker染料不能区分溶酶体和自噬溶酶体,但是自噬后的细胞能够结合更多的LysoTracker染料,因此能够用于相对特异的检测细胞自噬。标记LysoTracker染料比较简单,只需将样品细胞置于50nmol/L的LysoTracker染料中37℃标记1小时即可(Chikte et al, 2013)。

5.11 检测基因表达

　　在具有活性的单细胞水平上检测基因表达对于研究细胞的功能非常重要,它能够应用于细胞工程学、细胞信号转导和功能基因组学等。流式细胞术能够检测单细胞水平上的基因表达,并根据基因表达的情况分选出不同的单细胞克隆。流式检测活细胞内的基因表达要求能够正确指示目标基因转录的、敏感的、没有毒性的荧光指示系统,其中最常用的两个报告基因是编码绿色荧光蛋白(GFP)的基因和编码β-半乳糖苷酶的基因*lac*Z,后来又发展了β-内酰胺酶/CCF2指示系统。

5.11.1 GFP报告基因系统

　　绿色荧光蛋白(green fluorescent protein, GFP)是从水母*Aequorea victoria*中提取的一种有内在荧光基团(internal fluorophore)的蛋白质,被488nm激光激发后能够产生507nm的荧光,其荧光信号被FITC通道(FL1)接收。编码该蛋白质的基因是常用的报告基因。

　　流式检测细胞目标基因的表达情况时,只需将编码GFP的基因整合到目标基因的启动子后面,当目标基因表达时也会同时表达GFP基因,表达的GFP积存于细胞内,细胞内GFP的量与目标基因的表达强弱成正比。GFP在488nm激光激发下能够产生荧光,该荧光信号能通过流式检测到,检测到的信号强弱间接反映目标基因的表达情况。而且,根据GFP的表达情况可以进一步分选得到表达目标基因的细胞。

　　与*lac*Z报告基因系统相比,GFP报告基因系统有两个优点:① GFP

报告基因系统只需将编码GFP的基因整合到目标基因的启动子后面即可,表达的GFP内含荧光基团,能够直接产生荧光,不需要将底物导入细胞内,步骤简单,对细胞的刺激也相对较小;② GFP报告基因系统结果明确可信,避免了酶-底物系统的复杂性,也避免了底物非特异性催化导致的假阳性结果。

但是,GFP的荧光信号较弱,又缺少了酶-底物系统的信号放大作用,所以GFP报告基因系统的敏感性很低,一个细胞内至少需要表达50 000~100 000个GFP分子,其产生的荧光信号才能够被流式细胞仪检测到。

解决GFP荧光信号弱的方法之一是改变GFP的蛋白质结构,构造表达强荧光信号的GFP变异体,如GFP(S65T、V163A)变异体和GFP(S202F、T203I、V163A)变异体就是能够提高流式检测敏感性的GFP代替者。

此外,需考虑的是首先要保证将GFP报告基因整合到目标基因启动子的后面,才能作为指示系统用于分析目标基因的表达情况,但是质粒转染的效率不可能达到100%,而且也无法估计每次转染的具体效率。所以,在流式检测时无法区分检测的细胞是转染成功的细胞还是未转染的细胞。解决方法之一是在转染的载体中同时加入一个对照基因,如表达红色荧光蛋白(DsRed)的基因,那么流式检测时表达DsRed的细胞就是转染成功的细胞,不表达DsRed的细胞就是未转染的细胞,然后分析表达GFP的细胞占所有表达DsRed细胞的比例即为目标基因表达的比例。

5.11.2　lacZ报告基因系统

lacZ基因能够编码β-半乳糖苷酶(β-galactosidase),β-半乳糖苷酶催化底物FDG(fluorescein di-β-D-galactopyranoside)使其成为荧光素,被相应的激光激发后产生荧光信号。流式检测细胞某基因表达情况时,先将lacZ基因整合到目标基因的启动子后面,然后用低渗的方法将底物FDG导入细胞内部。如果该细胞的目标基因在实验条件下能够表达,则位于该基因启动子后面的lacZ基因也会表达,编码的β-半乳糖苷酶就催化底物FDG使其在相应的激光激发下产生荧光,根据流式检测相应荧光通道上是否有荧光信号以及荧光信号的强弱就能间接反映细胞是否表达该目标基因以及表达的强弱。该方法于1988年首次被提出,然后于1991年正式命名为FACS-Gal法。

FACS-Gal方法检测细胞基因表达有如下几个优点:① 该方法在单细胞水平上能够定量检测细胞某基因的表达,所以流式数据能够反映某基因表达在整个细胞群的分布情况;② 该方法在标记和检测过程中能够保持细胞的活性,所以能够根据基因的表达与否或者强弱分选细胞用于克隆扩增等研究;③ 该法提供了一种非致死性的遗传选择方法;④ 该方法检测基因表达敏感性高,最少每个细胞表达5个蛋白质分子就能够被检测到,而且可以检测到的基因表达的范围也较广,每个细胞表达几百万个分子也在检测范围内;⑤ 能够与普通的流式标记表面抗原分子相配伍,进一步得到细胞基因表达与表面抗原分子表达的关系等信息。

当然,FACS-Gal方法检测细胞基因表达也有其局限性:① 导入底物FDG需使细胞处于低渗状态,而低渗对细胞是一个不小的刺激,可能会改变细胞的生理功能甚至可能会影响细胞的活性;② 底物被β-半乳糖苷酶催化后形成的能够产生荧光的水解产物保持在活细胞内部要求将细胞置于冰浴中,不利于流式分析检测,很容易得到假阴性的结果;③ 已经证明有些细胞会主动将这种底物FDG的水解产物排出细胞外,从而造成假阴性的结果。

5.11.3 β-内酰胺酶报告基因系统

常用的GFP 报告基因系统和*lacZ*报告基因系统有其局限性,研究者希望找到更加满意的报告基因系统用于流式检测基因表达,β-内酰胺酶报告基因系统就是其中之一。β-内酰胺酶(β-lactamase)具有酶系统的放大作用,所以敏感性很高。β-内酰胺酶的底物是香豆素头孢菌素荧光素(coumarin cephalosporin fluorescein, CCF2)(Cunningham et al, 2005)。

β-内酰胺酶报告基因系统具有两个优点:① 该方法的敏感性比

*lac*Z报告基因系统的敏感性还要高，β-半乳糖苷酶的放大作用是10 000倍，而β-内酰胺酶的放大作用是1 000 000倍，所以，该方法更适用于低转录基因的流式检测；② CCF2能够自由通过细胞膜进入细胞内，不需要对细胞进行低渗处理，避免了细胞的低渗刺激，使细胞更接近生理状态，结果更可信。

5.11.4　新型膜结合型报告分子系统

最近又发展了一种新型的膜结合型的报告分子系统用于检测细胞特定基因的表达，以及根据基因表达与否流式分选阳性细胞。与常规的跨膜蛋白一样，该膜结合型报告分子由胞外段、跨膜段和胞内段3部分组成，胞外段含有生物素模拟肽(biotin mimetic peptide，BMP)，胞内段含有嘌呤霉素*N*-乙酰基转移酶(puromycin *N*-acetyl transferase，PAC)。胞外段的BMP能够直接被荧光素偶联的链霉亲和素(SA)直接识别，用于流式检测阳性细胞的比例和流式分选阳性细胞。胞内段的PAC提供的是一种生物选择系统，表达PAC的细胞在嘌呤霉素(puromycin)存在的条件下仍然能够存活和增殖，不表达PAC的细胞则无法存活。因此，在检测细胞某特定基因表达情况时，只需将感兴趣的基因与此膜结合型报告分子的基因导入同一启动子之后，保证两者能够共同表达即可。利用此报告分子系统，标记荧光素偶联SA，就可以明确的检测感兴趣基因的表达情况，同时可以流式分选阳性细胞(Helman et al, 2013)。

5.12　检测细胞内两种蛋白质的直接结合

5.12.1　荧光共振能量转移结合流式细胞术检测两种蛋白质的直接结合

荧光共振能量转移(fluorescence resonance energy transfer，FRET)是指第一种荧光素被相应的激发光激发后产生的荧光被第二种荧光素吸收,从而激发第二种荧光素产生第二种荧光素特定的荧光信号。第一种荧光素被称为供者荧光素,第二种荧光素被称为受者荧光素。实现FRET必须满足两个条件:① 供者荧光素的发射光波长刚好与受者荧光素的激发光波长重合,这样供者荧光素产生的荧光信号才能够激发受者荧光素;② 供者荧光素和受者荧光素之间的距离必须足够近,一般当两者相距3~6nm时,有50%的概率发生FRET,当两者相距超过10nm时,基本上不会发生FRET。

绿色荧光蛋白(GFP)的衍生物增强型蓝色荧光蛋白(enhanced cyan fluorescent protein, ECFP)和增强型黄色荧光蛋白(enhanced yellow fluorescent protein, EYFP)就是一对较为理想的供者荧光素和受者荧光素。ECFP可以被408nm紫色激光激发产生465nm左右的荧光,它产生的荧光刚好可以激发EYFP,使其产生575nm左右的荧光。而要实现FRET,必须保证ECFP与EYFP的距离在5nm左右,而这个长度与一个蛋白质的长度在一个数量级,所以可以用于检测两种蛋白质的直接结合(Dye et al, 2005; van Wageningen et al, 2006)。

如需要检测某细胞内的蛋白质A是否能够与蛋白质B直接结合,可以用转染的方法使该细胞表达蛋白质A-ECFP融合蛋白和蛋白质B-EYFP融合蛋白。当蛋白质A与蛋白质B能够直接结合时,与它们融合的ECFP与EYFP就能够达到实现FRET的距离,此时用408nm激光器激发时,就会产生575nm左右的荧光信号,由于FRET的概率达不到100%,所以465nm左右的荧光信号也可以检测到。当蛋白质A与蛋白质B不能够直接结合时,ECFP与EYFP就无法达到实现FRET的距离,此时用408nm激光器激发时,只能检测到465nm左右的荧光信号,而不能检测到因FRET产生的575nm的荧光信号。

检测时需要设置阴性对照和阳性对照。设置阴性对照就是用转染的方法使检测细胞同时表达ECFP和EYFP, ECFP和EYFP不能直接结合,也就无法达到实现FRET所需要的距离条件,无FRET,用408nm激光器激发时只能检测到ECFP产生的465nm左右的荧光信号。设置阳性对照就是用转染的方法使检测细胞表达ECFP-EYFP融合蛋白,因为是融合蛋白,所以供者荧光素和受者荧光素之间的距离达到了实现 FRET的要求,用408nm激光器激发时可以同时检测到575nm和465nm 左右的荧光信号。

非增强型的CFP和YFP也可以满足实验要求,它们的性质与增强型 的ECFP和EYFP一致,只是发射的荧光信号可能稍弱一些。另外,如果 没有408nm的激光器,458nm的激光器也可以勉强满足实验要求。

细胞内蛋白质之间的相互作用非常复杂,只能检测两种蛋白质之 间的直接结合并不能满足实验的需求,因此,研究者希望能够在此基础 上发展出能够同时检测3种蛋白质之间的直接结合的方法,也就是实现 2次荧光共振能量转移,这种方法被称为TripleFRET。此时就需要3种 荧光素,特定波长的激光激发荧光素A产生荧光,该荧光激发荧光素B产 生荧光,荧光素B产生的荧光再激发荧光素C产生荧光。分别将这3种 荧光素与待检测的3种蛋白质融合,如果这3种蛋白质能够直接结合, 这3种荧光素之间的距离就能够达到实现TripleFRET的要求。能够实现 TripleFRET的候选荧光素系统有CFP、YFP和mRFP系统,和Alexa Fluor 488、Alexa Fluor 546和Alexa Fluor 647系统(Fabian et al, 2013)。

5.12.2 双分子荧光互补结合流式细胞术检测两种蛋白质的直 接结合

检测细胞内两种蛋白质的直接结合的第2种方法是双分子荧光互 补结合流式细胞术(Wang et al, 2013)。双分子荧光互补(Bimolecular Fluorescence Complementation, BiFC)是检测细胞内两种蛋白质直接 结合的相对简单和敏感的方法。其原理是将一种荧光蛋白拆成2个部 分,这2个荧光蛋白片段单独没有发射荧光的能力,只有两者再次组合 后才能重新获得此能力,因此,将这2个荧光蛋白片段分别通过转染的 方法与所需检测的两种蛋白质分别融合,如果这两种蛋白质能够在细 胞内直接结合,那么它们所融合的荧光蛋白片段也能够重新组合在一 起,在特定波长的激光激发下就能够发射特定波长的荧光,在相应荧光 通道内就能够检测到荧光信号,而且根据所检测到的荧光信号的强弱还能够间接反映这两种蛋白质在细胞内直接结合的强度。

BiFC常用的荧光蛋白是一种名为"Venus"的改良后的黄色荧光蛋白,该荧光蛋白可以被拆分成"VN(氨基端Venus蛋白片段)"和"VC(羧基端Venus蛋白片段)" 2个蛋白片段。比如,如果要检测某细胞内蛋白A和蛋白B是否能够直接结合,可以将VN片段与蛋白A融合,将VC片段与蛋白B融合,如果蛋白A和蛋白B能够直接结合,那么VN片段和VC片段就能够再次组装成Venus荧光蛋白,这种组合是不可逆的,因此,利用此系统就可以检测细胞内蛋白A和蛋白B是否能够直接结合。

之前经常是用荧光显微镜直接观测BiFC的结果,但是荧光显微镜直接观测不仅耗时,而且观测结果受观测者主观因素的影响,定量不准确。而利用流式细胞术直接检测BiFC的结果,在很短的时间内就可以得到准确的客观的结果,其优点相比于荧光显微镜直接观测是显而易见的。

5.13 微生物学中的应用

当流式细胞术成功发展并广泛应用于生命科学的各个领域后,微生物学家也希望并致力于将此强大的技术引入微生物学研究中。随着几十年的探索和发展,流式细胞术已经应用于微生物学的各个领域中,不仅在基础微生物学的研究中得到广泛应用,而且更为重要的是在临床微生物学中也得到了重要应用。

利用流式细胞术检测微生物的最大优点是快速、简便、可信,而快速检测微生物是临床微生物学的基本要求,尤其是对于急性感染的诊断尤为重要,快速检测致病微生物的种类才能提供有效的治疗手段,而且流式细胞术同时也能检测病原微生物对于各种治疗的反应,为患者提供更加具有针对性的、有效的治疗。

流式细胞术在微生物学中的应用非常广泛,本节将简要介绍几种重要的、用于微生物学研究和临床检测各种微生物的流式细胞术。

5.13.1　荧光素偶联抗体直接检测法

　　每种微生物基本都有各自特异的表面抗原,用免疫学方法得到这种特异抗原的抗体,最好是单克隆抗体,然后偶联上各种荧光素,利用这种荧光素偶联抗体就可以非常快速方便地检测各种样品中的微生物。利用这种方法在30min内就可以得到非常明确的结果,敏感性也较高,只要每毫升样品中微生物多于100个就可以被流式细胞仪检测到。此法对于临床上明确诊断急性感染的病原体,从而提供及时有效的治疗非常关键。

　　利用各自的荧光素偶联抗体,可以直接检测样品中是否有各种细菌,目前已经能够直接检测嗜血杆菌(*Haemophilus*)、沙门氏菌(*Salmonella*)、结核杆菌(*Mycobacterium*)、布鲁氏菌(*Brucella*)、卡他布兰汉氏球菌(*Branhamella catarrhalis*)、发酵支原体(*Mycoplasma fermentans*)、铜绿假单胞菌(*Pseudomonas aeruginosa*)、脆弱拟杆菌(*Bacteroides fragilis*)和军团杆菌(*Legionella*)等。粪便菌丛(fecal flora)一般都结合有肠道分泌的IgA,所以FITC偶联的抗IgA抗体可以用于流式检测粪便菌丛。此法不仅可以定性判断样品中是否有某种微生物,加入已知浓度的结合有特定荧光素的人工微球作为内参,还可以定量检测样品中微生物的浓度。

　　流式也可以直接检测各种真菌,如酵母(yeast)和念珠菌(*Candida albicans*),用于诊断甲癣(onychomycosis),而且已成功用于念珠菌属的血清学分型。此法也可直接检测各种胞外寄生虫,目前已能够检测利什曼原虫(*Leishmania*)、福氏耐格里阿米巴(*Naegleria fowleri*)和棘阿米巴(*Acanthamoeba* spp.)等。如果感染胞内寄生虫的细胞表面表达有寄生虫特异抗原,如感染疟原虫(*Plasmodium*)的红细胞表面表达有疟原虫抗原,利用荧光素偶联的此抗原特异性抗体就可以直接检测外周血中的疟原虫。

　　病毒感染细胞常表达病毒抗原,这些病毒抗原有些表达于细胞表面,有些表达于细胞内部,前者可以用荧光素偶联抗体直接检测,后者需要先固定细胞,再打孔,然后标记荧光素偶联抗体进行检测。目前已成功用于巨细胞病毒(CMV)、乙肝病毒(HBV)、丙肝病毒(HCV)、疱疹病毒(HSV)和人免疫缺陷病毒(HIV)感染细胞的检测。

5.13.2 抗体结合人工荧光微球直接检测法

微生物一般都比细胞小,用荧光素偶联抗体直接检测时,普通的用于检测细胞的流式细胞仪可能无法直接检测到这些微生物。此时可以利用与细胞大小相似的人工微球克服这个缺点,人工微球上结合有特定的荧光素,在相应通道上可以接收到其发射的荧光信号,而且人工微球上同时结合有各种微生物特异的抗体,此抗体可以与样品中的相应微生物结合,从而使人工微球上结合有相应的微生物,这些结合的微生物就会产生遮蔽效应(shading effect)。人工微球上结合的微生物不仅能够阻挡激发光激发人工微球上的荧光素产生荧光信号,而且可以阻挡荧光素产生的荧光信号向四周发射,导致流式细胞仪相应通道上接收到的荧光信号大幅度减弱。所以,如果样品中没有相应的微生物,此人工微球上的荧光信号不会被干扰,信号最强;如果样品中有相应的微生物,此微生物就会通过人工微球上的抗体结合到人工微球上产生遮蔽效应,人工微球产生的荧光信号就会减弱,从而可以判断样品中是否含有相应的微生物。此方法可用于直接检测各种细菌、真菌、寄生虫和病毒等。

此外,可以设计不同大小的人工微球结合不同微生物的特异抗体,以同时检测不同的微生物,根据人工微球的体积大小,通过FSC信号的不同来区分各种不同的人工微球,这样一次检测就可以得到多种微生物是否存在的确切结果,简化了检测步骤,节省了检测时间。

5.13.3 微生物活性流式检测

检测微生物的活性,或者说鉴定微生物细胞是活细胞还是死细胞,是微生物学需要解决的重要课题之一,临床上可用于药物敏感试验。流式检测操作方便,结果明确,而且可以节省大量的时间,有利于临床上的药敏试验。流式检测微生物活性的原理和方法与流式检测细胞活性的方法相似,最简单也最常用的就是PI标记法。当微生物活性减弱或者死亡时,细胞膜的通透性增加,PI染料就会进入微生物细胞内与DNA结合,死亡或者失去活性的微生物细胞结合有PI染料,可以被流式细胞仪检测到。除了PI染料,SYTO-13、SYTO-17和AO等染料也被用于流式检测微生物活性。

微生物活性降低时,微生物细胞的细胞膜电位通常会下降,标记膜电位敏感的荧光染料结合流式分析可用于检测微生物的活性,此法经常用于临床的药物敏感试验,常用的荧光染料有DiOC$_5$(3,3'-dipentyloxocarbocyanine iodine)、oxonol和Rhodamine123等。DiOC$_5$和Rhodamine123在正常膜电位时大量存在于细胞内,当膜电位下降时会重新定位,细胞内的荧光染料大量减少。而oxonol与此相反,正常膜电位时细胞内含量较少,膜电位下降时细胞内含量大幅度增加。此外,Rhodamine123不能标记革兰阴性细菌。

以上两种方法适用于体积较大的细菌、真菌和寄生虫活性的直接检测,也可以用于检测病毒感染细胞的活性。

5.13.4 人工微球荧光免疫试验检测抗体

人工微球荧光免疫试验(microsphere fluoroimmunoassay)主要用于检测细菌或者病毒感染患者血清中相应的细菌或者病毒的抗体,其原理类似于用CBA法检测细胞培养上清或患者血清中的细胞因子。人工微球上结合有需要检测的微生物抗原或者直接结合整个微生物,然后加入待测血清,如果血清中含有相应抗体,此抗体就会结合到人工微球上,再加入荧光素偶联的抗人免疫球蛋白抗体,在目标抗体存在的条件下,人工微球就会被标记上荧光素,流式检测荧光素发射的荧光信号就可以判断待测血清中是否含有目标抗体。此法的敏感性和可信性与ELISA法检测目标抗体一致,但是比ELISA法更加快速和经济。

此外,同样可以设计不同大小的人工微球结合不同的抗原或者微生物,就可以同时检测多种抗体,根据人工微球的体积大小通过FSC信号的不同来区分各种不同的人工微球,一次实验就可以检测多种抗体。

此法也可用于检测细菌毒素,利用两种大小不同的结合有细菌毒素抗体的人工微球,流式细胞仪只能检测到大的人工微球,不能直接检测小的人工微球,而小的人工微球上同时偶联有荧光素。先用大的结合有抗体的人工微球与待测血清作用,如果血清中有相应的细菌毒素,细菌毒素就会结合到大的人工微球上,再加入小的荧光素偶联的同时结合有细菌毒素抗体的人工微球,如果存在相应的细菌毒素,就会形成"大的人工微球—细菌毒素—小的人工微球"类似"三明治夹心"的结构,流式检测此复合体上的荧光素发射的荧光信号就可以判断待测血清中是否含有相应的细菌毒素。此法已成功用于检测艰难梭状芽孢杆菌(*Clostridium difficile*)产生的毒素A和苏芸金芽孢杆菌(*Bacillus thuringiensis*)产生的毒素等。

另外,病毒感染的细胞系可以代替结合有特定抗原的人工微球,如检测人血清中抗HIV-1抗体时可以用HIV-1感染的细胞系捕获血清中的相应抗体,然后再加入荧光素偶联的抗人免疫球蛋白抗体,这就是流式免疫荧光试验(FCM immunofluorescence assay, FIFA);重组表达特定抗原的细胞也可以代替人工微球,如检测人血清中抗HIV-1抗体时可以用人工重组表达蛋白Gag-p45、Gag-gp41或gp160的昆虫细胞捕获血清中的相应抗体,然后再加入荧光素偶联的抗人免疫球蛋白抗体,这就是重组FIFA。

5.13.5 荧光原位杂交流式检测法

荧光原位杂交(fluorescent *in situ* hybridization)流式检测法用于原位检测病毒感染细胞内的病毒核酸。先固定样品细胞并打孔,然后加入DIG(digoxidenin)标记的或者生物素标记的病毒核酸探针(probe),使其与病毒感染细胞内的病毒核酸杂交,最后再加入荧光素偶联的抗DIG抗体或者荧光素偶联的链霉亲和素,就可以利用流式细胞术测定细胞内是否含有病毒核酸。此方法已成功用于HIV、CMV和EBV等病毒的检测。

检测病毒核酸最经典的方法是聚合酶链反应(PCR)法,但是PCR法无法得到病毒感染细胞的具体类型和功能特点等信息,而荧光原位杂交流式检测法弥补了PCR法的缺点,还能研究病毒感染的具体机制及其对细胞功能的影响等,但是此法的敏感性不如PCR法,病毒感染细胞内用于原位杂交的核酸要达到一定量才能被流式检测。

5.13.6　PCR免疫微珠法

经典PCR法检测病毒核酸是用放射性法做最后的定性或者定量,而PCR-IRB(PCR immunoreactive bead)法用流式细胞术检测病毒核酸扩增后的产物。第一步扩增病毒核酸,使用DIG标记的dUTP,扩增后的产物中掺有DIG;第二步用结合有生物素的病毒核酸特异的探针与扩增后的病毒核酸杂交;第三步用结合有链霉亲和素的人工微球捕捉结合有生物素的PCR扩增产物;第四步用FITC偶联的抗DIG抗体标记人工微球,抗体通过PCR扩增过程中掺有的DIG结合到人工微球上,使人工微球带有FITC荧光素,然后就可以流式检测。此法简单,特异性高,敏感性与经典PCR法相似,而且是自动化检测,此法最大优点是避免了经典PCR法可能存在的放射性污染,已成功用于HBV和HIV等病毒核酸的检测。

以改进后的PCR-IRB法诊断HIV感染为例。第一步用分别结合有DIG和DNP(dinitrophenol)的两种正向引物和一种结合有生物素的反向引物,同时PCR扩增HIV的5′长末端重复(long terminal repeat, LTR)区域和一个内部标准序列;第二步用不同大小的分别结合有抗DIG抗体和抗DNP抗体的人工微球捕获两种PCR扩增产物;第三步用PE偶联的链霉亲和素标记的人工微球。如果待测样品中有HIV核酸,人工微球上就会标记上PE荧光素,流式检测PE的荧光信号就可以判断待测样品中是否含有HIV核酸,协助临床诊断HIV感染。

5.13.7　原位PCR杂交流式检测法

原位PCR杂交流式检测法(PCR-*in situ* hybridization FCM assay)用于检测病毒感染细胞内的病毒核酸,此法先固定打孔细胞,然后用PCR或者RT-PCR的方法,用病毒核酸特异性的引物在细胞内原位扩增病毒核酸,扩增时的引物偶联有荧光素,或者在PCR后加用荧光素偶联的病

182

毒核酸的探针,与扩增后的病毒核酸杂交,然后就可用流式检测病毒感染细胞。此法有机结合了PCR法和流式细胞术,将PCR法的高敏感性和流式细胞术能够提供更多的病毒感染细胞的物理化学特征的优点有机地结合起来,尤其适用于低浓度病毒核酸的检测。

5.14 检测钙相关分子

本节将简要介绍利用流式细胞术检测细胞内游离的钙离子水平、钙蛋白酶活性和细胞膜钙泵活性的方法。

5.14.1 检测细胞内游离的钙离子水平

细胞内游离的钙离子对于多种生理活动至关重要,如神经信号转导、肌肉收缩和骨骼形成等。钙离子信号的异常会导致一系列的病理过程,从而导致各种疾病,如神经退行性疾病、中枢神经系统的各种疾病、骨骼肌疾病、心脏病等。所以,检测细胞内游离的钙离子水平对于研究各种生理和病理过程都很重要。借用各种荧光钙离子指示剂,利用流式细胞术就可以非常简便地检测细胞内游离的钙离子水平。

可用于流式细胞术检测细胞内游离的钙离子水平的化学荧光钙离子指示剂有很多,现将其中常用的总结于表5-4中(Paredes et al, 2008)。

表5-4 流式常用化学荧光钙离子指示剂表

名称	激发波长/nm	发射波长/nm	说明
Fluo3	488	526	最为常用之一
Fluo4	488	516	Fluo3的衍生物,更优
Calcium Green-1	488	530	荧光信号是Fluo3的5倍
Oregon Green 488 BAPTA-1	488	520	与Fluo3/4类似
Fura-2	340/380	512	UV激发,结合钙离子后340nm激发,未结合时380nm激发
Indo-1	350	408/485	UV激发,结合钙离子后发射408nm激光,未结合时发射485nm
Calcium Crimson	488	615	PE-TxRed通道接收

每种商用的荧光钙离子指示剂都有三种形式：盐式、葡聚糖(dextran)结合式和乙羧甲酯(acetoxymethyl esters)式。盐式是最简单的一种，但是因为它是亲水的，不能自由通过细胞膜，必须用特殊的方法将其导入细胞内，才能与细胞内游离的钙离子结合，如显微注射、电穿孔和脂质体转运等。盐式荧光钙离子指示剂不利于长时间标记，因为它进入细胞经过一段时间后会定位于细胞内的某些特定区域，但是不影响流式标记检测。葡聚糖结合式可以克服盐式的细胞内重新定位问题，它也是细胞膜非通透性指示剂，用于流式检测时与盐式相比没有优越性。乙羧甲酯式是亲脂性的，可以自由通过细胞膜，标记时不需使用特殊的导入方法，而且乙羧甲酯式指示剂进入细胞后会被细胞内的酯酶水解，使指示剂重新恢复成亲水性，不能再自由通过细胞膜逸出细胞，所以该形式的指示剂最适用于流式检测。

5.14.2 检测钙蛋白酶活性

钙蛋白酶(calpain)位于细胞内，是钙离子敏感的中性的半胱氨酸蛋白酶，在细胞的各种生理和病理过程中起着非常重要的作用，生理过程包括细胞融合和运动过程中细胞支架的重塑、细胞信号转导、基因表达调控和细胞凋亡诱导等；病理过程包括肌营养不良、胃肠道肿瘤、糖尿病和心肌梗塞等。细胞内钙蛋白酶活性的调节非常复杂，而且其活性与细胞内钙蛋白酶的含量没有直接的关系，检测细胞内钙蛋白酶的含量意义不大，而流式细胞术能够直接检测细胞内钙蛋白酶的活性。

流式检测钙蛋白酶活性利用BOC-LM-CMAC(7-amino-4-chloro-methyl coumarin, t-BOC-leucine-methionine amide)，它能够自由通过活细胞的细胞膜，所以该法可以检测活细胞的钙蛋白酶。BOC-LM-CMAC进入细胞后能够与细胞内游离的巯基化合物如GSH反应，反应后的产物不能逸出细胞。钙蛋白酶能够特异性地切割BOC-LM-CMAC，该染料被切割前发射荧光的能力很弱，被切割后发射荧光的能力大幅度提升，可被流式细胞仪检测到。细胞内钙蛋白酶活性越高，细胞内被切割的BOC-LM-CMAC就越多，流式检测时相应通道上接收到的荧光信号就越强。激发BOC-LM-CMAC需要使用355nm的紫外激光器,被钙蛋白酶切割后发射的荧光信号的波长为450nm,需要用450/20nm带通滤片设置其接收通道(Niapour et al, 2007)。

方法:

(1) 将待测样品制备成单细胞悬液,浓度控制在1×10^7/ml左右。

(2) 将样品细胞置于25℃水浴中,直接加入适当浓度的BOC-LM-CMAC,作用5min。

(3) 5min后加入多聚甲醛终止反应并且固定细胞,过夜。

(4) 离心沉淀,流式PBS重悬样品细胞,流式上样分析。

使用此法检测钙蛋白酶的活性时需要注意两点:① 严格控制反应时间,钙蛋白酶切割底物BOC-LM-CMAC后它的酶活性并不会消失,如果底物供应充足,细胞内BOC-LM-CMAC被切割后的产物量与时间成正比,作用时间越长,产物就越多,被激光激发后产生的荧光信号就越强,作用10min后的荧光信号是作用5min后的两倍。所以,使用此法比较不同样品细胞间钙蛋白酶活性的差异时,必须保证两者标记的时间相同,一般作用5min就足够了。这与标记抗原分子不同,细胞抗原分子的量是一定的,抗体与抗原充分结合后,再延长时间,细胞结合抗体的量不会进一步增加,一般标记30min和标记60min并不会产生太大的差别;② 严格控制反应的温度,细胞内钙蛋白酶的活性与温度关系密切,在37℃之前,随着温度的上升,钙蛋白酶的活性也显著上升,40℃则明显下降,所以必须控制反应时样品的温度相同,一般控制在25℃较为合适。

如果比较不同细胞间钙蛋白酶活性的差异时,可以将这些细胞混合,同时标记,同时上样,保证它们处于相同的标记条件下,排除因为标记时间或者温度等的不同而产生的差异。如果混合的不同细胞有特异的表型,可以直接标记荧光素偶联抗体以区别这些混合的细胞,如果没有特异表型,可以在混合前给不同的细胞标记不同的非特异性荧光染料如CFSE、PKH26等。

此法操作简单、快捷,但是也有其局限性:① 不能区分检测得到的钙蛋白酶的活性是来源于哪个或者哪些钙蛋白酶的亚型,只能检测细胞内所有钙蛋白酶的总体活性。如果需要检测某个亚型的活性,使用该亚型的特异性抑制剂或者基因缺陷细胞可以解决这个问题;② 不能使钙蛋白酶的活性与其细胞内定位直接联系,但是可以同时使用共聚焦显微镜确定其细胞内定位。

5.14.3　检测细胞膜钙泵活性

细胞膜钙泵(plasma membrane Ca^{2+}-ATPase,PMCA)能够保证细胞内的游离的钙离子浓度维持在一个正常的水平,其活性的改变会直接导致细胞内游离的钙离子浓度的变化,从而导致细胞发生一系列的变化,包括各种细胞信号的转导,引发细胞的各种生理和病理变化等。如红细胞上PMCA活性的降低与镰状细胞性贫血有关。

利用流式细胞术可以直接检测PMCA的活性。首先在样品细胞中加入染料Fluo4-AM,Fluo4-AM能够自由通过活细胞的细胞膜进入细胞内,然后被降解去除AM成为Fluo4,Fluo4是细胞内游离的钙离子的指示剂,细胞内钙离子浓度越高,其发射的荧光信号就越强。然后用钙离子载体A23187将高浓度钙离子于短时间(30s)内导入细胞,这时细胞内钙离子浓度超过正常水平,PMCA就会活化并将细胞内的钙离子泵出至细胞外。PMCA在4℃时没有活性,在37℃时活性最高,所以将细胞置于37℃条件下相同的一段时间,PMCA活性高的细胞在该段时间内将细胞内多余的钙离子泵出到细胞外的就多,细胞内剩余的钙离子浓度就低,细胞内Fluo4发射的荧光信号就弱。流式检测时在FL1接收到的来源于Fluo4的荧光信号的强弱能够反映细胞的PMCA的活性高低,接收到的荧光信号越强,细胞的PMCA活性就越低,接收到的荧光信号越弱,细胞的PMCA活性就越高(de Jong et al,2007)。

方法:

(1) 将需要检测的样品制备成单细胞悬液,加入Fluo4-AM,标记终浓度为1μmol/L,37℃静置1h。

(2) 用HBSF缓冲液洗涤2次。HBSF缓冲液配制方法:10mmol/L

Hepes (pH 7.4)、145mmol/L NaCl、0.15mmol/L MgCl₂、5mmol/L葡萄糖、5mmol/L 肌苷(inosine)。

(3) 用含有25μmol/L的CaCl₂的HBSF缓冲液重悬细胞,37℃预热5min。

(4) 加入钙离子载体(ionophore)A23187,终浓度为800nmol/L,37℃作用30s。保证将钙离子导入细胞内,并防止ATP酶的损失。

(5) 加入预冷的(4℃)含有25μmol/L的CaCl₂的HBSF缓冲液,终止载体A23187的作用。

(6) 设置一个阴性对照组,在该管中加入钒酸盐(vanadate),终浓度为1mmol/L,钒酸盐能够抑制PMCA的活性,所以此对照组中的细胞的Fluo4的荧光信号最强。

(7) 将样品细胞置于37℃水浴中,使PMCA开始工作,将细胞内高于正常水平的钙离子泵出细胞,一段时间后置于冰浴中,终止PMCA的活性。

(8) 流式上样分析,注意控制样品的温度不高于4℃。

应用此法检测PMCA活性的关键是控制PMCA工作的时间,即控制样品细胞置于37℃水浴中的时间。时间过短,PMCA从细胞内泵出的钙离子就过少,留在细胞内的钙离子浓度降低得过少,那么因PMCA活性的差异导致的不同样品细胞内剩余的钙离子浓度的差异可能就不会很明显,无法达到明显区分的程度。从理论上分析,在PMCA将细胞内所有高于正常生理水平的钙离子泵出细胞前,PMCA工作的时间越长,这种差异就会越大,就越能明显区分不同样品细胞间PMCA活性的差异。但是,如果PMCA将细胞内所有高于正常水平的钙离子都泵出细胞后,PMCA就会停止工作,此时再延长37℃水浴时间,样品细胞内的钙离子浓度也不会再变化了。所以,只要样品细胞的PMCA有活性,不管其活性的高低,只要给予充足的时间,样品细胞都能将细胞内高于正常生理水平的钙离子泵出细胞,最后所有样品细胞内的钙离子浓度都会相同,指示钙离子浓度的Fluo4产生的荧光信号也会相同。所以,37℃水浴时间不能超过PMCA实际工作的时间。

举例说明,A样品细胞PMCA活性相对较高,37℃水浴5min就可以将细胞内所有高于正常水平的钙离子泵出细胞,B样品细胞PMCA活性相对较低,需要10min。因此,如果实际操作时37℃水浴时间长于10min,流式分析A样品细胞和B样品细胞的Fluo4发射的荧光信号都处于最低水平,两者没有差异。所以,37℃水浴时间必须短于5min。另一方面为了得到最大差异,就应该尽可能延长37℃水浴时间,最佳的时间为5min。但是在实际检测时,实验者往往并不知道PMCA的实际工作时间,无法提前得知最佳37℃水浴时间,这时就需要设置多个37℃水浴时间,得到的Fluo4荧光信号强度根据不同37℃水浴时间的变化曲线,就可以比较不同样品细胞的PMCA活性的高低。

此外,PMCA将细胞内的钙离子泵出细胞外需要消耗ATP,所以PMCA的正常工作需要充足的ATP供应,PMCA持续工作时间过长可能会因为ATP供应不足而无法工作。所以,一般37℃水浴时间不能超过10min,以尽量避免因为ATP不足对PMCA活性测定的影响。

5.15　表观遗传学中的应用

表观遗传学(epigenetics)是与遗传学(genetics)相对应的概念,是研究与DNA序列改变无关的、可以通过有丝分裂或者减数分裂遗传的、基因功能的改变,其内容主要包括组蛋白的变异、组蛋白氨基端氨基酸残基的共价修饰和DNA碱基的共价修饰等。其中组蛋白的修饰最为重要,主要包括甲基化、乙酰化、磷酸化和泛素化等,不同的组蛋白修饰与该部位基因表达与否密切相关。例如,组蛋白H3第9位赖氨酸的甲基化或者组蛋白H4赖氨酸残基的去乙酰化与该部位基因的沉默有关;相反,组蛋白H3第4位赖氨酸的甲基化或者组蛋白H3和组蛋白H4的乙酰化与该部位基因的活化表达有关。所以,组蛋白的不同修饰作为表观遗传学的重要内容,是基因表达调控的重要内容之一。

利用流式细胞术可以在两个水平上检测组蛋白的修饰情况。本节第一部分介绍流式细胞术在检测基因组特定部位的组蛋白修饰方面的应用,即ChIP-on-beads法;第二部分介绍流式细胞术在全基因组,即在整个细胞水平上检测某组蛋白修饰方面的应用。

5.15.1 ChIP-on-beads法

研究组蛋白修饰的最重要的方法之一是ChIP(chromatin immuno-precipitation,染色质免疫沉淀)法。ChIP法是研究DNA和蛋白质相互作用的最重要的方法,主要由以下几个步骤组成:① 甲醛固定目标细胞,巩固目标细胞内蛋白质和DNA的结合;② 细胞裂解液碎裂细胞,提取目标细胞的细胞核;③ 超声波处理,将目标细胞的染色质随机切断成长度为200bp左右的染色质小片段;④ 标记目标蛋白质的特异性抗体,如不同修饰的各种组蛋白的特异性抗体,形成DNA-蛋白质-抗体复合物;⑤ 免疫沉淀法沉淀得到此复合物;⑥ 热处理法使DNA-蛋白质-抗体复合物解偶联,蛋白水解酶K消化蛋白质,纯化DNA;(7)PCR法检测DNA中是否有目标基因序列。如需要检测Jurkat细胞*TGM2*基因启动子部位的组蛋白H3是否有乙酰化修饰,用ChIP法检测时先用甲醛固定Jurkat细胞,裂解细胞,超声处理,标记乙酰化修饰组蛋白H3的特异性抗体,免疫沉淀,提纯DNA,用*TGM2*基因启动子的引物进行PCR扩增,如果扩增产物中有*TGM2*基因启动子序列,说明Jurkat细胞*TGM2*基因启动子部位的组蛋白H3有乙酰化修饰,反之就没有乙酰化修饰。

经典的检测ChIP结果的方法是半定量PCR或者定量PCR。但是,ChIP得到的DNA只是富集的DNA小片段,纯度并不是很高,其中不可避免的掺杂有因非特异性捕获而得到的DNA片段,从而限制了基于PCR的定量方法的使用。虽然实时定量PCR可以克服这个缺点而用于检测ChIP的结果,但是其方法较复杂,不适用于检测大量数据。流式细胞术可以非常简便、快速地检测ChIP的结果,这种方法被称为ChIP-on-beads法(Szekrolgyi et al, 2006)。

ChIP-on-beads法检测基因组某部位的组蛋白修饰情况主要可以分为三个步骤:① 常规ChIP法得到纯化后的DNA小片段;② 常规的PCR法扩增目标DNA,扩增时使用FAM/生物素标记的引物,从而使扩增后的产物都带有FAM荧光素和生物素;③ 将PCR扩增后的产物与链霉亲和素(streptavidin，SA)偶联的人工微球相互作用，人工微球就能通过SA捕获PCR扩增后的产物，流式检测人工微球上结合的FAM的荧光信号强弱就可以检测得到ChIP的定量数据。

图5-31所示的就是用ChIP-on-beads法检测Jurkat细胞某基因启动子部位组蛋白H3第4位赖氨酸甲基化修饰情况的流式直方图，该图是由三张流式直方图组合而成的，分别代表阴性对照组(nAb)、实验组(Met H3 K4)和阳性对照组(input)的荧光信号值。因为在PCR时使用的引物结合有FAM荧光素，所以PCR产物都带有此荧光素，当其结合到人工微球上后，人工微球也带有FAM荧光素，流式检测FAM荧光信号的通道为FL1(FITC通道)。阴性对照组不加第4位赖氨酸甲基化修饰的组蛋白H3的特异性抗体，只加这种抗体的同型对照，所以此组无法形成DNA-蛋白质-抗体复合物，无法被免疫沉淀得到，PCR时没有此DNA片段，无法扩增目标基因的启动子序列，人工微球无法捕获带有FAM荧光素的PCR产物，所以阴性对照组在FL1的荧光信号最弱。阳性对照组的DNA没有经过免疫沉淀步骤，所以其中肯定含有目标DNA片段，经PCR扩增得到含有FAM荧光素的产物，被人工微球捕获，人工微球就会带有FAM荧光素，所以阳性对照组肯定在FL1有较强的荧光信号。实验组加入特异性抗体，如果目标染色质小片段中的组蛋白H3第4位赖氨酸有甲基化修饰，目标染色质小片段就可以通过免疫沉淀得到，经PCR扩增后就能够得到含有FAM荧光素的产物，然后被人工微球捕

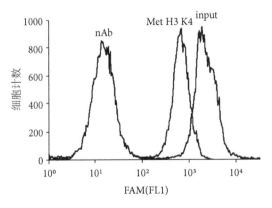

图5-31 ChIP-on-beads法检测H3甲基化流式图

获,人工微球就会带有FAM荧光素,在FL1就有一定的荧光信号。如图所示,实验组在FL1的荧光信号明显强于阴性对照组,接近于阳性对照组,说明目标染色质小片段中的组蛋白H3第4位赖氨酸有甲基化修饰。

实验组FL1的荧光强度受到很多因素的影响。阳性对照组的DNA是所有的DNA小片段,不经过免疫沉淀,没有选择性,所以目标DNA的比例是一定的。实验组FL1的荧光强度主要受目标DNA占免疫沉淀后总DNA的比例的影响,也就是受目标DNA在所有有该修饰的组蛋白的DNA小片段中所占比例的影响。如果其他染色质小片段中有该修饰的组蛋白较少,目标DNA的比例较高,在FL1中的荧光信号则较强,很可能强于阳性对照;如果其他染色质小片段中有该修饰的组蛋白较多,目标DNA的比例较低,在FL1中的荧光信号也会较低。所以,比较不同实验组之间的组蛋白修饰情况时要慎重,不要单纯从FL1的荧光信号强弱直接得出结论。

5.15.2 检测细胞水平组蛋白修饰情况

流式细胞术也可以用于检测细胞水平组蛋白修饰情况,就是检测整个基因组的某种组蛋白某种修饰的情况。整个基因组的组蛋白修饰情况与DNA复制和细胞分裂染色质固缩密切相关,其总体水平受到各种酶类的影响,如组蛋白的乙酰化水平受到组蛋白乙酰转移酶和组蛋白去乙酰酶的双重调节。

检测细胞水平的组蛋白修饰情况,就是利用处于目标修饰状态的组蛋白的荧光素偶联的单克隆抗体,如利用乙酰化的组蛋白H4的荧光素偶联的单克隆抗体检测细胞水平的组蛋白H4的乙酰化水平。标记方法比较简单,与检测细胞内表型的方法类似,先固定细胞,然后用打孔剂在细胞膜上打孔或者用0.1%的Triton X-100提高细胞膜的通透性,最后标记荧光素偶联抗体,就可以流式上样分析。

5.16 检测缝隙连接介导的细胞通讯

缝隙连接(gap junction)是连接相邻细胞的通道,允许离子、代谢

产物和小分子物质在细胞之间的双向传输。相邻两个细胞的细胞膜
上的半通道互相调整之后就可以形成完整的缝隙连接。细胞膜上的
半通道由一个连接蛋白(connexin protein, Cx)的同源或者异源六聚
物组成。研究证明,缝隙连接介导的细胞通讯(gap junction-mediated
intercellular communication, GJIC)在多种生理病理过程中起着重要作
用,如早期发育调节、细胞生长、激素分泌和细胞恶性转化等。所以,检
测GJIC对于研究这些生理病理过程有着重要意义。

目前,已有多种方法用于检测GJIC,流式细胞术就是其中之一,利
用流式细胞术可以非常简便地检测GJIC,使用已经非常广泛。流式检
测GJIC就是利用小分子荧光染料转移的方法,检测一种细胞是否能够
通过缝隙连接将小分子荧光染料转移到另一种细胞内,前者是供者细
胞,后者是受者细胞,供者细胞和受者细胞可以是同一种细胞,此时就
是研究同种细胞间的GJIC,如T细胞与T细胞之间的GJIC。供者细胞
和受者细胞也可以是不同种的细胞,此时研究的就是不同种细胞间的
GJIC,如T细胞通过缝隙连接将小分子物质转移到B细胞或者内皮细胞
内等。

流式检测GJIC时用于标记供者细胞的最常用的小分子荧光染料
是Calcein-AM(钙黄绿素-乙羧甲酯),它是细胞膜通透性染料,可以直
接标记供者细胞,荧光染料会自由进入细胞内,然后被细胞内的酯酶
水解去除AM(乙羧甲酯),Calcein就不能自由通过细胞膜逸出细胞。
Calcein是小分子物质,可以通过细胞间的缝隙连接进入另一个细胞。
Calcein由488nm激光器激发,发射的荧光信号被FITC通道(FL1)接收
(Fonseca et al, 2006)。

方法:

(1) 标记供者细胞小分子荧光染料Calcein-AM,标记浓度为
1.5μmol/L, 37℃、5%CO_2条件下标记30min。

(2) 区分供者细胞和受者细胞:① 如果流式检测时能够明确区分
供者细胞和受者细胞,如供者细胞是淋巴细胞,受者细胞是内皮细胞,
这两种细胞的体积大小和颗粒度明显不同,可以通过FSC-SSC散点图

明确区分,则不用进一步标记;② 如果流式检测时不能明确区分,如供者细胞和受者细胞都是T细胞,那在共培养前用PKH-26或者DiIC$_{18}$等染料直接标记供者细胞或者受者细胞;③ 如果供者细胞和受者细胞有特异性标记,则可以标记荧光素偶联抗体加以区别,如供者细胞和受者细胞分别是T细胞和B细胞时,可以标记荧光素偶联抗CD3抗体或(和)荧光素偶联抗CD19抗体。

(3) 标记后将供者细胞和受者细胞共培养一段时间,一般为3~4h。

(4) 流式检测受者细胞是否有来源于Calcein的荧光信号,如果有,说明Calcein小分子荧光染料通过供者细胞与受者细胞间的缝隙连接进入了受者细胞。

图5-32所示的是流式检测GJIC的原理示意图。Calcein-AM标记供者细胞,供者细胞内就带有能够发射绿色荧光的小分子荧光染料Calcein,PKH-26标记受者细胞,受者细胞就能够发射红色荧光。供者细胞和受者细胞共培养一段时间后,如果两者存在GJIC,那么供者细胞内的Calcein就能够通过缝隙连接进入受者细胞内,因此受者细胞不但能发射红色荧光,还能发射来源于Calcein的绿色荧光。流式分析时如果检测到双阳性细胞,说明供者细胞和受者细胞之间存在GJIC,双阳性细胞占所有PKH-26阳性细胞的比例就是受者细胞与供者细胞之间存在GJIC的比例。

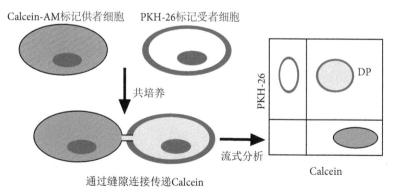

图5-32　流式检测缝隙连接介导的细胞通讯原理示意图

与其他检测GJIC的方法相比,流式检测GJIC有以下几个优点:① 能够短时间内非常简便地检测大量的细胞,结果具有统计意义,较为可靠;② 能够非常方便地检测同种或者不同种细胞间的GJIC,而且也可以检测不同细胞亚群间的GJIC;③ 非常敏感,两细胞间传递少量的小分子荧光染料就能被流式检测到;④ 定量非常简便,不仅可以得到受者细胞存在GJIC的比例,而且通过计算存在GJIC的受者细胞的Calcein的平均荧光强度也可以定量供者细胞通过缝隙连接传递小分子物质的能力。

流式检测GJIC也存在一定的局限性,其中最需要注意的就是可能存在荧光染料非特异性转移。如共培养时标记在受者细胞的细胞膜上的PKH26可能会非特异性转移到供者细胞表面,从而出现非特异性的双阳性细胞与特异性GJIC的双阳性细胞相混。有三种方法可以用于解决这个问题:① 特异性双阳性细胞的Calcein荧光信号比单阳性细胞弱,而PKH-26荧光信号与单阳性细胞相似,而非特异性双阳性细胞刚好相反, Calcein荧光信号与单阳性细胞相似, PKH-26荧光信号则比单阳性细胞弱;② 使用缝隙连接阻断剂,加用缝隙连接阻断剂后,特异性双阳性细胞就不会产生,但不会影响非特异性双阳性细胞;③ 避免标记PKH-26等非特异性膜结合染料,可以采用其他方法区分供者细胞和受者细胞。

5.17　检测细胞内pH和钠氢转运体活性

本节将简要介绍流式细胞术检测细胞内pH的方法和在此基础上进一步检测钠氢转运体活性的方法。

5.17.1　检测细胞内pH

流式细胞术可以检测细胞内的pH,该法利用pH敏感的荧光染料SNARF-AM,该染料带有AM(乙羧甲酯),是细胞膜通透性荧光染料,可以直接标记样品细胞。SNARF-AM可以自由通过细胞膜进入细胞内,然后被细胞内的酯酶水解去除AM,成为SNARF。SNARF-AM标记的终浓度为10μmol/L, 37℃标记20min。

　　SNARF荧光染料是单激发双发射型染料,由488nm激光器激发,可以产生两种不同波长的荧光信号,一种为640nm左右,一种为575nm左右。所以,流式检测时分别有两个通道[PE通道(FL2)和PE-TxRed通道(FL3)]能够同时检测到SNARF发射的荧光信号,FL2接收到的荧光信号的强度与FL3接收到的荧光信号的强度比值与细胞内的pH呈一定的比例关系,检测到的比值越高,说明细胞内的pH越大,比值越低,pH越小。所以,比较比值的大小就可以判断不同样品细胞间或者同一个样品细胞内不同细胞亚群之间的细胞内pH的高低。

　　定性比较不同细胞的细胞内的pH比较简单,如上所述,只需标记SNARF-AM,然后流式检测得到FL2和FL3荧光信号大小,根据其比值就可以得到此定性的结果。若需要得到定量的结果,即细胞内pH具体是多少时,就必须设置一条FL2和FL3荧光信号比值大小与具体pH的关系曲线。首先使样品细胞的细胞内pH固定在已知的几个点,然后在相同检测条件下得到FL2和FL3荧光信号比值,绘制关系曲线,得到比值与pH的数学关系,就可以定量得到实验组的具体pH。

　　设定细胞内pH最常用的方法是高钾缓冲液加离子载体法。将样品细胞置于高钾缓冲液中,然后加入钾离子载体nigericin(标记终浓度为2μmol/L),细胞外的钾离子就能够被运载到细胞内,使细胞外和细胞内的钾离子浓度相同,这时质子就可以在细胞内外自由运动,从而使细胞内的pH与细胞外的pH相同。细胞外缓冲液的pH很容易设置和检测,所以通过此法可以设定样品细胞的细胞内pH,再用SNARF-AM标记法得到荧光信号比值。设置几个pH,如6.0、6.5、7.0、7.5、8.0和8.5几个点,得到各pH的荧光信号比值,绘制关系曲线,得到比值与pH的数学关系,就可以实现定量检测pH的目的。

　　除了SNARF-AM标记法可以检测细胞内的pH外,BCECF-AM标记法也可以用于流式检测细胞内的pH,具体检测方法与SNARF-AM标记法类似。BCECF-AM也能够自由通过细胞膜进入细胞内,然后被细胞内的酯酶降解去除AM,BCECF就不能通过细胞膜逸出细胞。BCECF-AM的标记终浓度为2μmol/L,37℃标记15min。流式检测时被488nm

激光器激发,发射的荧光信号能够分别被FITC通道(FL1)和PE-TxRed通道(FL3)同时检测到,FL1接收到的荧光信号的强度与FL3接收到的荧光信号的强度比值与细胞内的pH呈一定的比例关系。

5.15.2 检测钠氢转运体活性

钠氢转运体(Na^+/H^+ exchanger, NHE)是哺乳动物细胞的一种跨膜蛋白,可将细胞内的氢离子泵出细胞外,同时将细胞外的钠离子泵入细胞,一般当细胞内的pH下降时该转运体就会变构活化,泵出氢离子,提高细胞内的pH,使其保持在7.2左右。所以NHE对于维持细胞内pH的稳定起着非常重要的作用。而且,研究认为NHE还在多种生理和病理过程中起作用,如维持细胞的体积、离子和水分子的跨膜转运、肾脏和肠道中的钠离子重吸收等。

利用流式细胞术可以检测细胞NHE的活性(Dolz et al, 2004)。首先酸化细胞,降低细胞内的pH,NHE就会被活化,实现钠离子和氢离子的交换,降低细胞内的氢离子浓度,使细胞内的pH恢复到正常水平。酸化细胞后,监测细胞内的pH,通过比较细胞酸化后恢复到正常pH水平所需要的时间来比较NHE活性的大小。恢复时间越短,NHE活性越强;恢复时间越长,NHE活性越弱。

酸化细胞降低细胞内的pH是通过加入外源性的丙酸钠(sodium propionate)实现的。加入的丙酸钠变成丙酸,丙酸能够自由通过细胞膜进入细胞内,使细胞内的pH降低,活化NHE。监测细胞内的pH是利用SNARF-AM标记法或者BCECF-AM标记法通过流式检测,具体方法请参见本节的第一部分。细胞酸化后在用NHE恢复细胞内的pH时使用没有碳酸氢盐的HEPES缓冲液,抑制能够恢复细胞内pH的其他离子转运体。

检测时,先标记SNARF-AM或者BCECF-AM,流式上样10~20s得到正常状态下的荧光比值,停止上样,加入适量的丙酸钠酸化细胞,继续流式上样分析。当细胞酸化成功后,细胞内的pH值会显著下降,此时得到的荧光比值也会降低,然后继续上样,直到细胞内的pH恢复到正常水平,此时荧光比值也恢复到初始值,通过比较恢复时间就能够比较NHE的活性大小。

5.18　其他应用

本节将简要介绍流式细胞术在其他方面的应用,包括流式检测活性氧簇、流式检测细胞内游离的锌离子水平、荧光共振能量转移结合流式细胞术检测两种蛋白质的直接结合、流式检测端粒长度和流式检测脂筏结合蛋白五个部分。

5.18.1　检测活性氧簇

ROS(reactive oxygen species,活性氧簇)是由氧分子非完全性单电子还原所形成的分子或者离子,大部分是由线粒体产生的副产物,包括单态氧(singlet oxygen)、过氧化物(peroxide)、超氧化物(superoxide)和羟基(hydroxylradical)等。它们会在细胞代谢包括细胞内呼吸和底物氧化等过程中持续产生,外源性因素如γ射线和化学致癌物等也会导致细胞内ROS的产生。适量的ROS是细胞所必需的,因为ROS参与维持细胞存活及生理功能所需的各种生化过程,如信号转导和基因表达等。但是过量的ROS或者过少的ROS都会诱导氧化应激,破坏核酸、蛋白质、脂质、碳水化合物和细胞膜等,导致细胞死亡和组织破坏。另外,对于肿瘤,ROS是一把双刃剑,同时具有促进肿瘤和抑制肿瘤的功能。

流式细胞术可以非常简便地检测细胞内的ROS含量。检测时使用DCFH-DA(2,7-dichlorofluorescein diacetate),DCFH-DA可以自由通过活细胞的细胞膜进入细胞内,然后被酯酶水解成DCFH,DCFH能够与细胞内的ROS反应生成DCF,DCF被488nm激光器激发后能够发射530nm左右的荧光信号,被FITC通道(FL1)接收。所以,标记DCFH-DA后检测FITC通道接收到的荧光信号的强弱就可以判断细胞内ROS的含量(Brescia et al,2008)。

方法:

(1) 将需要检测的样品制备成单细胞悬液。

(2) 配制PBS-明胶溶液：PBS中加入 2mmol/L的EDTA、5mmol/L的葡萄糖、0.1%的明胶(gelatine)，pH为7.4。

(3) 将细胞置于PBS-明胶溶液中，样品细胞的浓度控制为1×10^{6}/ml。

(4) 加入 10μmol/L的DCFH-DA，37℃避光条件下静置1h。

(5) 离心沉淀，流式PBS重悬样品细胞，流式上样分析。

5.18.2　检测细胞内游离的锌离子水平

锌是有机体内重要的微量元素之一，对于维持机体的正常稳态起着重要作用。锌离子与300多种酶的催化调节功能有关，而且是多种蛋白质和转录因子的辅助因子，如锌指DNA结合蛋白等。细胞通过精密的调节机制控制细胞内游离的锌离子水平，间接调节锌离子依赖酶类的基因表达调控。所以，细胞内游离的锌离子水平对于锌离子依赖酶类的活化至关重要。细胞内游离的锌离子水平是动态变化的，细胞内锌储存囊状物和锌结合蛋白金属硫蛋白(metallothionein, MT)等可以调节细胞内游离的锌离子水平。细胞可以通过调节细胞内游离的锌离子水平来调节锌离子依赖酶类的活性，继而调节各种细胞活动，包括对氧应激的反应、细胞周期的变化和细胞凋亡等。因此，检测细胞内游离的锌离子水平对于细胞生理、病理功能的研究都较为重要。

检测细胞内游离的锌离子水平与检测细胞内游离的钙离子水平类似，利用的是锌离子敏感的荧光基团，由此发展起来的用于流式检测细胞内游离的锌离子水平的荧光染料是ZP1(zinpyr-1)，其激发波长为515nm，发射波长为525nm，所以可以被常规激光器(488nm)激发，ZP1发射的荧光信号被FITC通道(FL1)接收。ZP1对于钙离子无亲和力，对于锌离子有很强的亲和力，可以检测细胞内游离的较低水平的锌离子，当ZP1结合足够量的锌离子时，其发射荧光信号的能力增加3~5倍(Malavolta et al, 2008)。

ZP1是细胞膜通透性荧光染料，可以自由进入活细胞的细胞膜，直接标记活细胞，不需要经过固定打孔阶段。ZP1的标记终浓度为20μmol/L，标记时缓冲液中需加入 1μmol/L的EDTA，用于去除缓冲液中的游离的锌离子,37℃,5%CO_2条件下标记30min。检测时设置一组同时加入细胞膜通透性的锌离子螯合剂TPEN(50μmol/L),与ZP1竞争性结合细胞内游离的锌离子,作为阴性对照。

图5-33所示的是ZP1标记法流式检测人外周血单个核细胞(PBMC)内游离的锌离子水平的流式图,此图是由四张流式直方图组合而成的,代表四种不同处理组的流式结果。"TPEN"组是指在标记ZP1时同时加入细胞膜通透性的锌离子螯合剂TPEN,TPEN能够与ZP1竞争性结合细胞内游离的锌离子,所以此组FL1接收到的荧光信号最低,作为阴性对照。"ZP1"组是不做任何处理的正常人PBMC的检测结果,与"TPEN"组相比,FL1接收到的荧光信号明显要强。"NO"组是指用NO供体处理人PBMC,NO诱导细胞内锌离子结合蛋白MT释放锌离子,导致细胞内游离的锌离子浓度增加,如图所示,"NO"组的FL1荧光信号强于不处理组("ZP1"组)。"pyrithione"组是指用锌离子载体运送细胞外的锌离子进入细胞内,导致细胞内游离的锌离子浓度达到高水平,此组FL1的荧光信号最强。

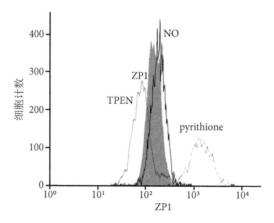

图5-33　流式检测细胞内游离锌离子直方图

5.18.3　检测端粒长度

端粒(telomere)是由核酸和蛋白质组成的特殊结构,位于染色体的末端,在人染色体末端的长度约为8kb。端粒的主要功能是维持染色体的稳定性,防止染色体末端融合。在细胞增殖、DNA复制时,由于DNA聚合酶在染色体末端的不稳定性而无法完全复制DNA的末端,会导致端粒变短。所以,随着细胞分裂次数的增加,端粒会越来越短,从而无法维持染色体的稳定,细胞就会凋亡而无法继续分裂增殖。端粒酶(telomerase)能够在细胞分裂时维持端粒的长度,很多恶性肿瘤细胞高表达端粒酶,利用端粒酶维持端粒的长度,保证肿瘤细胞不会因细胞分裂导致的端粒变短而凋亡。

所以,通过检测细胞端粒的长度可以从一个侧面反映细胞的稳定性。检测端粒长度经典的方法是蛋白质印迹法,但是此法步骤多,操作不方便,而且只能得出所有检测细胞的平均值。而流式细胞术可以非常简便地检测细胞的端粒长度,并且可以分析细胞中不同端粒长度细胞的分布(比例)情况。

流式检测端粒长度的方法称为荧光原位杂交法(fluorescence *in situ* hybridization, FISH),该法使用荧光素Cy5偶联的端粒重复序列特异的肽核酸(peptide nucleic acid, PNA)作为探针(PNA-Cy5)。PNA-Cy5能够特异性地与端粒重复序列杂交,端粒越长,重复序列越多,结合的PNA-Cy5就越多,激光激发后发射的荧光信号就越强,可以根据635nm激光激发后在APC通道上接收到的荧光信号的强弱判断细胞端粒的长度(Potter et al, 2005; Kapoor et al, 2009)。

方法:

(1) 配制杂交缓冲液:75%去离子甲酰胺(formamide)、20mmol/L的Tris、20mmol/L的NaCl、1%BSA, pH为7.1。

(2) 用杂交缓冲液重悬样品细胞,加入荧光素Cy5偶联的端粒重复序列特异的肽核酸PNA-Cy5,标记的终浓度为55nmol/L。

(3) 常温作用10min,84℃水浴10min,然后常温90min。

(4) 甲酰胺洗液(加入0.1%BSA和0.1%Tween-20的70%的甲酰胺)洗涤3次。PBS洗液(加入0.1%BSA和0.1%Tween-20的PBS)洗涤1次。

(5) 200μl流式PBS重悬细胞,流式上样分析。

检测过程中样品细胞必须在84℃水浴中作用10min,才能使肽核酸与端粒重复序列杂交。但是在如此高温条件下,很多常规使用的荧光素都会被破坏,从而在流式检测端粒长度时无法同时标记其他表面抗原以区分不同的细胞群体,无法得到样品细胞中不同细胞群体端粒长度的信息。虽然常规使用的有机荧光素会被破坏,但是最新发展的利用纳米技术开发的无机荧光素QD (quantum dot)在此温度下仍能够保持其稳定性,所以可以联用QD偶联的抗体得到更多的信息。

5.18.4 检测脂筏结合蛋白

脂筏(lipid raft)是位于多数哺乳动物细胞的细胞膜上的微型结构域,富含胆固醇和鞘糖脂(glycosphinglolipid),同时还包含多种细胞膜锚定蛋白和一部分跨膜蛋白等。脂筏在多种细胞活动中发挥作用,如信号转导蛋白的区域性聚集、帮助受体与信号转导蛋白的连接、死亡受体的活化和帮助病毒和细菌来源的炎性因子的入侵等。所以,研究脂筏的组成,检测目标膜蛋白是否位于脂筏中具有重要的意义。

流式细胞术可以检测目标蛋白是否位于脂筏结构中。研究发现,脂筏结构中的组成成分之间结合紧密,能够抵抗非离子洗涤剂(dergent),如冷的Triton X-100、Chaps和37℃的Brij-98等。但是,非离子洗涤剂抵抗的细胞膜蛋白质有两种情况,一种是位于脂筏内,另一种是锚定于细胞骨架上的蛋白质,如膜结合型IgM、某些T细胞的表面蛋白、MHC II类分子和整合素等。所以,单从洗涤剂抵抗这一特征不足以区分脂筏蛋白,但是脂筏结构富含胆固醇,利用胆固醇清除剂MBCD(methyl-β-cyclodextrin)可以破坏脂筏结构,此时脂筏蛋白就不能抵抗非离子洗涤剂,而细胞骨架锚定蛋白仍能抵抗。所以,根据脂筏蛋白在MBCD作用前能够抵抗非离子洗涤剂,在MBCD作用后不能抵抗的特点就能判断目标蛋白是否位于脂筏结构中(Gombos et al,2004)。

方法:

(1) 将样品细胞平均分成8份,分别标记为A~H,此8份样品的处理方法总结于表5-5。

表5-5 流式检测脂筏结合蛋白标记表

样品序号	MBCD处理	荧光素偶联抗体标记	dergent处理
A			
B		√	
C			√
D		√	√
E	√		
F	√	√	
G	√		√
H	√	√	√

(2) E~H 4组用胆固醇清除剂MBCD处理,破坏样品细胞膜上的脂筏结构,作用浓度为10mmol/L,37℃作用15min。

(3) 标记目标细胞膜蛋白的荧光素偶联抗体,4℃标记40min。B、D、F和H 4组标记抗体,A、C、E和G 4组不标记抗体,分别作为B、D、F和H组的对照。

(4) C、D、G和H组为dergent处理组。处理前用2%的甲醛在4℃条件下固定30min,然后用0.1%的Triton X-100在4℃条件下处理5min。

(5) 流式上样8份样品,得到每份样品细胞的相应通道的平均荧光信号值,记为FL_A~FL_H。

(6) 根据MBCD未处理的4组数据可以得到MBCD未处理的抵抗指数。抵抗指数$=(FL_D-FL_C)/(FL_B-FL_A)$。

(7) 根据MBCD处理的4组数据可以得到MBCD处理的抵抗指数。抵抗指数$=(FL_H-FL_G)/(FL_F-FL_E)$。

根据MBCD未处理抵抗指数的高低可以判断目标膜蛋白是非离子洗涤剂抵抗还是非抵抗蛋白,如指数值较高,接近于1,说明用洗涤剂处理基本没有影响目标膜蛋白或者影响较小,所以该目标蛋白是洗涤剂抵抗蛋白。此时再根据MBCD处理组的抵抗指数进一步判断目标蛋白洗涤剂抵抗是因为目标蛋白位于脂筏结构中,还是因为目标蛋白是细胞骨架锚定蛋白。如果是脂筏结合蛋白,经胆固醇清除剂MBCD处理后会破坏脂筏结构,目标蛋白就会成为洗涤剂非抵抗蛋白,所以MBCD处理组的抵抗指数会变低。而MBCD处理不会影响细胞骨架锚定蛋白,所以抵抗指数仍然较高,基本不会变化。结果分析总结于表5-6。

表5-6 流式检测脂筏结合蛋白结果分析表

不同种类的膜蛋白	MBCD未处理抵抗指数	MBCD处理抵抗指数
脂筏结合蛋白	高	低
细胞骨架锚定蛋白	高	高
dergent非抵抗蛋白	低	低

引 文 目 录

[引文1]　Li H, Han Y, Guo Q, Zhang M, Cao X. Cancer-expanded myeloid-derived suppressor cells induce anergy of NK cells through membrane-bound TGF-β1. J Immunol 2009; 182: 240-249.

摘要:NK细胞作为固有免疫的重要效应细胞,在抗肿瘤免疫中发挥着非常重要的作用。CD11b⁺Gr-1⁺的髓系来源抑制性细胞(MDSC)随着肿瘤的发展显著扩增,MDSC通过抑制T细胞和DC的功能促进肿瘤的免疫逃疫。但是,荷瘤小鼠中的MDSC是否通过抑制NK细胞发挥作用还需要进一步的研究。本研究发现在很多肿瘤模型中肝脏和脾脏内的NK细胞的功能都明显被抑制,然后我们利用原位肝癌模型来研究肝脏NK细胞的功能是如何受损的。我们发现在肝脏和脾脏内NK细胞的杀伤功能与MDSC的比例上升呈反比例关系。体内和体外实现发现MDSC能够抑制NK细胞的杀伤功能、NKG2D的表达和IFN-γ的分泌。而且,MDSC膜结合型TGF-β对于其抑制NK细胞的功能起着关键作用。体内实验证明在原位肝癌模型中去除小鼠体内的MDSC,NK细胞的功能能够恢复,而去除调节性T细胞无法恢复。因此,本实验证明肿瘤诱导的MDSC能够通过膜结合型TGF-β导致NK细胞的失能,在荷瘤小鼠中,是MDSC,而不是调节性T细胞负向调节肝脏NK细胞的功能。

[引文2]　Han Y, Guo Q, Zhang M, Chen Z, Cao X. CD69$^+$CD4$^+$CD25$^-$ T cells, a new subset of regulatory T cells, suppress T cell proliferation through membrane-bound TGF-β1. J Immunol 2009; 182:111-120.

摘要:肿瘤诱导的免疫抑制的机制需要进一步的研究,其中调节性T细胞在肿瘤免疫逃疫中发挥着重要作用。目前已经发现有很多调节性T细胞的亚群通过不同的机制抑制T细胞增殖。CD69通常被认为是一种活化性的标记,但是,最近研究发现在免疫反应中CD69可能起着负向调节作用。本研究发现了一群表型为CD69$^+$CD4$^+$CD25$^-$新的调节性T细胞。随着肿瘤的进展这群细胞的比例显著升高,到肿瘤晚期可以占到CD4 T细胞的40%。与以往发现的调节性T细胞不同,CD69$^+$CD4$^+$CD25$^-$T细胞高表达CD122,不表达Foxp3,不分泌IL-10、TGF-β1、IL-2和IFN-γ。CD69$^+$CD4$^+$CD25$^-$T细胞本身增殖能力很低,能够通过细胞接触的方式抑制CD4 T细胞的增殖。而且,固定后的CD69$^+$CD4$^+$CD25$^-$T细胞仍有抑制功能,而阻断性抗TGF-β1抗体能够阻断其抑制功能。我们发现CD69$^+$CD4$^+$CD25$^-$T细胞表达膜结合型TGF-β1,并且通过该TGF-β1抑制T细胞增殖。研究还发现CD69与相应配体的结合以活化的ERK依赖的方式维持了其膜结合型TGF-β1的高表达。

[引文3]　Chen Z, Han Y, Gu Y, Liu Y, Jiang Z, Zhang M, et al. CD11c^{high} CD8$^+$ regulatory T cell feedback inhibits CD4 T cell immune response via Fas ligand-Fas pathway. J Immunol 2013; 190: 6145-6154.

摘要:调节性T细胞在机体抗感染免疫过程中起着相当重要的作用,它们能够调控机体抗感染免疫反应和炎症反应,避免过强的免疫反应造成病理损伤。在本研究中,我们自主发现并鉴定了一群表型为CD11c^{high}CD8$^+$的新型调节性T细胞亚群。我们发现在李斯特菌

(*Listeria monocytogenes*)和金黄色葡萄球菌小鼠感染模型,伴随细菌感染进程和CD8 T细胞活化,其表面CD11c的表达水平逐渐升高,进一步的功能研究表明活化的CD8 T细胞可以分为CD11c^{low}CD8$^+$ T细胞和CD11c^{high}CD8$^+$ T细胞两个新的亚群。CD11c^{low}CD8$^+$ T细胞伴随CD8 T细胞活化的整个过程,高表达CD69,体外刺激能够分泌IFN-γ,能够通过穿孔素杀伤靶细胞,是经典的杀伤性CD8 T细胞;而CD11c^{high}CD8$^+$ T细胞仅出现于感染的后期,高表达CD122,低表达CD69,不分泌IFN-γ,具有比CD11c^{high}CD8$^+$ T细胞更强的杀伤活性;体内和体外研究提示CD11c^{high}CD8$^+$ T细胞能够通过FasL-Fas途径杀伤活化的CD4 T细胞,其杀伤功能并不依赖于抗原特异性。综上所述,我们在细菌感染末期自主发现并鉴定出一群表型为CD11c^{high}CD8$^+$的新型调节性T细胞,它们能够通过FasL-Fas途径杀伤活化的CD4 T细胞,下调机体的感染性免疫反应,发挥负反馈效应。

[引文4] Zhang M, Han Y, Han C, Xu S, Bao Y, Chen Z, et al. The β2 integrin CD11b attenuates polyinosinic:polycytidylic acid-induced hepatitis by negatively regulating natural killer cell functions. Hepatology 2009; 50: 1606-1616.

摘要:β2整合素在炎症和免疫反应中发挥着重要作用,最近发现其中的CD11b在维持免疫耐受中也起着重要作用,但是具体机制仍不是很清楚。NK细胞是重要的固有免疫的效应细胞,同时也能调节获得性免疫,NK细胞表面的活化性受体和抑制性受体如何协调决定NK细胞的功能需要进一步的研究。研究发现NK细胞成熟或者进一步活化时CD11b的表达显著上调,于是我们研究上调的CD11b对于NK细胞的功能的作用。阻断性抗CD11b抗体能够增加TLR3诱导的NK细胞的杀伤功能和分泌IFN-γ、颗粒酶B的能力。用或者不用poly(I:C)刺激的CD11b缺陷的NK细胞与正常NK细胞相比,杀伤能力更强,分泌IFN-γ、颗粒酶B的能力也更强。通过体内去除NK细胞或者过继回输CD11b缺陷的NK细胞实验,证明CD11b缺陷小鼠中注射poly(I:C)诱导的肝炎程度更强,其原因是由于CD11b缺陷的NK细胞缺乏CD11b的负向调控作用。因此,CD11b能够负向调控NK细胞的活化,从而减弱poly(I:C)诱导的急性肝炎。

[引文5]　Xia S, Guo Z, Xu X, Yi H, Wang Q, Cao X. Hepatic microenvironment programs hematopoietic progenitor differentiation into regulatory dendritic cells, maintaining liver tolerance. Blood 2008; 112: 3175-3185.

摘要:肝脏通常被认为是诱导和维持耐受的器官。但是,肝脏微环境是否或者怎样维持耐受的机制却并不清楚。我们利用肝脏成纤维基质模拟肝脏微环境,发现肝脏基质细胞能够诱导Lin⁻CD117⁺前体细胞分化成CD11c和MHC II类分子低表达而CD11b高表达的DC,该DC高分泌IL-10,低分泌IL-12。这群调节性DC在体内和体外都能抑制T细胞增殖,诱导活化的T细胞凋亡,减弱自身免疫性肝炎的损伤程度。肝基质细胞表达的M-CSF对于诱导调节性DC至关重要,而调节性DC来源的PGE2和T细胞来源的IFN-γ对于调节性DC的抑制功能也起重要作用。而且根据表型和功能也鉴定出了在肝脏中天然存在这群调节性DC。重要的是Lin⁻CD117⁺前体细胞被回输到肝脏后能够分化为调节性DC,而且回输这群调节性DC能够减弱自身免疫性肝炎的程度。因此,我们证明肝脏微环境能够诱导前体细胞分化为调节性DC,从而维持肝脏耐受。

[引文6]　He W, Liu Q, Wang L, Chen W, Li N, Cao X. TLR4 signaling promotes immune escape of human lung cancer cells by inducing immuno-suppressive cytokines and apoptosis resistance. Molecular Immunology 2007; 44: 2850-2859.

摘要:肿瘤细胞能够通过各种机制如分泌免疫抑制性细胞因子实现免疫逃逸和阻碍免疫治疗。越来越多的证据表明慢性炎症能够促进肿瘤的发生和发展。免疫细胞依赖于TLR识别病原微生物上的保守结构如LPS,从而启动炎症反应。最近发现,一些肿瘤细胞也表达有这类受体。但是肿瘤细胞表达TLR的目的和人肺癌细胞是否表达此受体还不清楚。本研究发现人肺癌细胞表达有TLR4,该受体活化后能够诱导人肺癌细胞分泌免疫抑制性细胞因子TGF-β、VEGF和促凋亡趋化因子IL-8,而且还能使人肺癌细胞抵抗TNF-α和TRAIL诱导的凋亡。另外,p38的活化对于VEGF和IL-8的分泌至关重要,而NF-κB的活化对于人肺癌细胞的凋亡抵抗至关重要。所以,人肺癌细胞表面表达的TLR4活化后能够促进免疫抑制性细胞因子的分泌和凋亡抵抗从而使进其免疫逃逸。

参考文献

Ahmad SF, Pandey A, Kour K, et al. 2010. Downregulation of pro-inflammatory cytokines by lupeol measured using cytometric bead array immunoassay. Phytother Res, 24(1): 9-13

Alvarez-Barrientos A, Arroyo J, Canton R, et al. 2000. Applications of flow cytometry to clinical microbiology. Clin Microbiol Rev, 13(2): 167-195

Berner B, Akca D, Jung T, et al. 2001. Analysis of Th1 and Th2 cytokines expressing CD4+ and CD8+ T cells in rheumatoid arthritis by flow cytometry. J Rheumatol, 27(5): 1128-1135

Bond J, Varley J. 2005. Use of flow cytometry and SNARF to calibrate and measure intracellular pH in NS0 cells. Cytometry A, 64: 43-50

Brescia F, Sarti M. 2008. Modification to the lampariello approach to evaluate reactive oxygen species production by flow cytometry. Cytometry A, 73: 175-179

Chen Z, Han Y, Gu Y, et al. 2013. CD11c[high]CD8[+] regulatory T cell feedback inhibits CD4 T cell immune response via Fas ligand-Fas pathway. J Immunol, 190: 6145-6154.

Chikte S, Panchal N, Warnes G. 2013. Use of LysoTracker dyes: A flow cytometric study of autophagy. Cytometry A

Cunningham ME, Kapitskaya M, Petrukhin K, et al. 2005. Preparation and characterization of calibration beads for sorting cells expressing a β -lactamase gene reporter. Cytometry A, 65(2): 133-139

Darzynkiewicz Z, Bedner E, Smolewski P. 2001. Flow cytometry in analysis of cell cycle and apoptosis. Semin Hematol, 38(2): 179-193

Darzynkiewicz Z, Crissman H, Jacobberger JW. 2004. Cytometry of the cell cycle: cycling through history. Cytometry A, 58(1): 21-32

Davey HM. 2002. Flow cytometric techniques for the detection of microorganisms. Methods Cell Sci, 24(1-3): 91-97 de Jong K, Kuypers FA. 2007. Flow cytometric determination of PMCA-mediated Ca^{2+}-extrusion in individual red blood cells. Cytometry A, 71: 693-699

Dolz M, O'Connor JE, Lequerica JL. 2004. Flow cytometric kinetic assay of the activity of Na^+/H^+ antiporter in mammlian cells. Cytometry A, 61: 99-104

Dye BT, Schell K, Miller DJ, et al. 2005. Detecting protein-protein interaction in live yeast by flow cytometry. Cytometry A, 63: 77-86

Eberlein J, Nguyen TT, Victorino F, et al. 2010. Comprehensive assessment of chemokine expression profiles by flow cytometry. J Clin Invest, 120(3): 907-923

Fabian A, Horvath G, Vamosi G, et al. 2013. TripleFRET measurements in flow cytometry. Cytometry A, 83: 375-385

Fiering S, Roederer M, Nolan G, et al. 1991. Improved FACS-Gal: flow cytometric analysis and sorting of viable eukaryotic cells expressing reporter gene constructs. Cytometry, 12: 291-301

Fonseca PC, Nihei OK, Savino W, et al. 2006. Flow cytometry analysis of gap junction-mediated cell-cell communication: advantages and pitfalls. Cytometry A, 69: 487-493

Frankfurt OS, Krishan A. 2001. Identification of apoptotic cells by formamide-induced DNA denaturation in condensed chromatin. J Histochem Cytochem, 49: 369-378

Godoy-Ramirez K, Makitalo B, Thorstensson R, et al. 2005. A novel assay for assessment of HIV-specific cytotoxicity by multiparameter flow cytometry. Cytometry A, 68: 71-80

Gombos I, Bacso Z, Detre C, et al. 2004. Cholesterol sensitivity of detergent resistance: a rapid flow cytometric test for detecting constitutive or induced raft association of membrane proteins. Cytometry A, 61: 117-126

Gratama JW, Kern F. 2004. Flow cytometric enumeration of antigen-specific T lymphocytes. Cytometry A, 58: 79-86

Greve B, Weidner J, Cassens U, et al.2009. A new affordable flow cytometry based method to measure HIV-1 viral load. Cytometry A, 75(3): 199-206

Haas A, Weckbecker G, Welzenbach K. 2008. Intracellular phospho-flow cytometry reveals novel insights into TCR proximal signaling events. A comparison with Western blot. Cytometry A, 73(9): 799-807

Hawkins ED, Hommel M, Turner ML, et al. 2007. Measuring lymphocyte proliferation, survival and differentiation using CFSE time-series data. Nat Protoc, 2: 2057-2067

Helman D, Toister-Achituv M, Bar-Shimon M, et al. 2013. Novel membrane-bound reporter molecule for sorting high producer cells by flow cytometry. Cytometry A

Herzenberg LA, Parks D, Sahaf P, et al. 2002. The history and future of the fluorescence activated cell sorter and flow cytometry: a view from Stanford. Clin Chem, 48: 1819-1827

Ibrahim SF, van den Engh G. 2007. Flow cytometry and cell sorting. Adv Biochem Eng Biotechnol, 106: 19-39

Jersmann HP, Ross KA, Vivers S, et al. 2003. Phagocytosis of apoptotic cells by human macrophages:

analysis by multiparameter flow cytometry. Cytometry A, 51(1): 7-15

Kapoor V, Hakim FT, Rehman N, et al. 2009. Quantum dots thermal stability improves simultaneous phenotype-specific telomere length measurement by FISH-flow cytometry. J Immunol Methods, 344(1): 6-14

Kim GG, Donnenberg VS, Donnenberg AD, et al. 2007. A novel multiparametric flow cytometry-based cytotoxicity assay simultaneously immunophenotypes effector cells: comparisions to a 4h ^{51}Cr-release assay. J Immunol Methods, 325(1-2): 51-66

King MA, Eddaoudi A, Davies DC. 2007. A comparison of three flow cytometry methods for evaluating mitochondrial damage during staurosporine-induced apoptosis in Jurket cells. Cytometry A, 71(9): 668-674

Krutzik PO, Irish JM, Nolan GP, et al. 2004. Analysis of protein phosphorylation and cellular signaling events by flow cytometry: techniques and clinical applications. Clin Immunol, 110(3): 206-221

Kusenda J. 2008. Quantitative identification of blood cell markers in human hematopoietic maligancies with diagnostic and prognostic significance. Neoplasma, 55(5): 381-386

Langhans B, Ahrendt M, Nattermann J, et al. 2005. Comparative study of NK cell-mediated cytotoxicity using radioactive and flow cytometric cytotoxicity assays. J Immunol Methods, 306(1-2): 161-168

Leif RC, Stein JH, Zucker RM. 2004. A short history of the initial application of anti-5-BrdU to the detection and measurement of S phase. Cytometry A, 58(1): 45-52

Leung WL, Law KL, Leung VS, et al. 2009. Comparison of intracellular cytokine flow cytometry and an enzyme immunoassay for evaluation of cellular immune response to active tuberculosis. Clin Vaccine Immunol, 16(3): 344-351

Maecker HT. 2009. Multiparameter flow cytometry monitoring of T cell responses. Methods Mol Biol, 485: 375-391

Malavolta M, Costarelli L, Giacconi R, et al. 2008. Single and three-color flow cytometry assay for intracellular zinc ion availability in human lymphocytes with zinpyr-1 and double immunofluorescence: relationship with metallothioneins. Cytometry A, 69: 1043-1053

Morgan E, Varro R, Sepulveda H, et al. 2004. Cytometric bead array: a multiplexed assay platform with applications in various areas of biology. Clin Immunol, 110(3): 252-266

Muris AH, Damoiseaux J, Smolders J. 2012. Intracellular IL-10 detection in T cells by flowcytometry: the use of protein transport inhibitors revisited. J Immunol Methods, 381: 59-65

Niapour M, Berger S. 2007. Flow cytometric measurement of calpain activity in living cells. Cytometry A, 71: 475-485

Nunez R. 2001. DNA measurement and cell cycle analysis by flow cytometry. Curr Issues Mol Biol, 3(3): 67-70

Paredes R M, Etzler J C, Watts L T, et al. 2008. Chemical calcium indicators. Methods, 46(3): 143-151

Potter AJ, Wener MH. 2005. Flow cytometric analysis of fluorescence in situ hybridization with dye dilution and DNA staining (Flow-FISH-DDD) to determine telomere length dynamics in proliferating cells. Cytometry A, 68: 53-58

Pozarowski P, Darzynkiewicz Z. 2004. Analysis of cell cycle by flow cytometry. Methods Mol Biol, 281: 301-311

Pozarowski P, Huang X, Halicka DH, et al. 2003. Interactions of fluorochrome-labeled caspase inhibitors with apoptotic cells: a caution in data interpretation. Cytometry A, 55(1): 50-60

Ronzoni S, Faretta M, Ballarini M, et al. 2005. New method to detect histone acetylation levels by flow cytometry. Cytometry A, 66: 52-61

Rothaeusler K, Baumgarth N. 2006. Evaluation of intranuclear BrdU detection procedures for use in multicolor flow cytometry. Cytometry A, 69(4): 249-259

Sun Y, Sun Y, Lin G, et al. 2012. Multicolor flow cytometry analysis of the proliferations of T-lymphocyte subsets in vitro by EdU incorporation. Cytometry A, 81: 901-909

Szekrolgyi L, Balint BL, Imre L, et al. 2006. ChIP-on-beads: flow-cytometric evaluation of chromatin immunoprecipitation. Cytometry A, 69(10): 1086-1091

Tang H, Guo Z, Zhang M, et al. 2006. Endothelial stroma programs hematopoietic stem cells to differentiate into regulatory dendritic cells through IL-10. Blood, 108: 1189-1197

van Wageningen S, Pennings AH, van der Reijden BA, et al. 2006. Isolation of FRET-positive cells using single 408-nm laser flow cytometry. Cytometry A, 69(4): 291-298

Varro R, Chen R, Sepulveda H, et al. 2007. Bead-based multianalyte flow immunoassays: the cytometric bead array system. Methods Mol Biol, 378: 125-152

Veal DA, Deere D, Ferrari B, et al. 2000. Fluorescence staining and flow cytometry for monitoring microbial cells. J Immunol Methods, 243(1-2): 191-210

Vermes I, Haanen C, Reutelingsperger C. 2000. Flow cytometry of apoptotic cell death. J Immunol Methods, 243(1-2): 167-190

Vicetti Miguel RD, Maryak SA, Cherpes TL. 2012. Brefeldin A, but not monensin, enables flow cytometric detection of interleukin-4 within peripheral T cells responding to ex vivo stimulation with Chlamydia trachomatis. J Immunol Methods, 384: 191-195

Wallace PK, Tario JD Jr, Fisher JL, et al. 2008. Tracking antigen-driven responses by flow cytometry: monitoring proliferation by dye dilution. Cytometry A, 73(11): 1019-1034

Wang L, Carnegie GK. 2013. Flow Cytometric Analysis of Bimolecular Fluorescence Complementation: A High Throughput Quantitative Method to Study Protein-protein Interaction. J Vis Exp, 78

Waterhouse NJ, Trapani JA. 2003. A new quantitative assay for cytochrome c release in apoptotic cells. Cell Death Differ, 10: 853-855

Wlodkowic D, Skommer J, Hillier C, et al. 2008. Multiparameter detection of apoptosis using red-excitable SYTO probes. Cytometry A, 73: 563-569

FLOW CYTOMETRY

6 流式分选术的应用

　　细胞学研究一个很重要的课题就是分离纯化细胞,尤其是需要研究细胞的功能时,如收集细胞培养上清通过ELISA检测细胞分泌的细胞因子,细胞共培养检测细胞的功能等,都需要得到高纯度的细胞,而流式分选就能得到高纯度的细胞。本章将具体介绍流式分选的应用,先比较流式分选与磁性分选,然后具体介绍独立群体细胞、非独立群体细胞、低比例细胞群体和干细胞的流式分选的方法。

6.1　流式分选与磁性分选

目前,纯化细胞的方法主要有两种:一是FACS(fluerescence-activated cell sorting),荧光趋动的细胞分选术,即利用分选型流式细胞仪分选标记荧光素偶联抗体的样品细胞,通过荧光系统区分目标细胞与非目标细胞;二是MACS(magnetic-activated cell sorting),磁力趋动的细胞分选术,用结合有磁珠的抗体标记样品细胞,表达有相应抗原的细胞就会结合带有磁珠的抗体,然后让细胞缓慢经过处于磁场中的铁柱,带有磁珠的细胞因为磁性留在铁柱上,从而达到分离纯化细胞的目的。

与流式分选相比,磁性分选有两大优点:① 磁性分选所需要的设备比较简单,只需要一块专用的磁铁和专用的柱子就可以进行磁性分选。操作的步骤也比较简单,对于操作员的技术要求也不高,一般的实验室都可以进行磁性分选;而流式分选需要配备分选型流式细胞仪,一般的实验室达不到这个要求,而且流式分选对于操作员的技术要求也很高,需要专门的培训并有一定的经验后才能很好地完成流式分选。② 磁性分选对目标细胞的刺激比流式分选要小,流式分选过程中需要对目标细胞所在的液滴通电,并且需要经过一个强电场的区域,对目标细胞的刺激相对较大;磁性分选只是让细胞处于一个低磁场中,基本可以忽略对细胞的影响,从保持细胞的活力方面考虑,磁性分选要优于流式分选。所以,如果磁性分选可以满足实验需求,应尽量选用磁性分选的方法。

磁性分选只能标记一种磁珠结合的抗体,只能根据一种标志进行分选,要么分选该标志阳性的细胞(阳选),要么分选该标志阴性的细胞(阴选)。所以很多情况无法用磁性分选细胞,只能用流式分选:① 如果目标细胞无法用一个标记来识别,需要两个或者两个以上的标记共同识别,如需要分选CD4$^+$CD25$^+$调节性T细胞,需要CD4和CD25两个标记来识别该细胞,磁性分选就无法满足此要求,只能选用流式分选。② 如果样品细胞的某抗原表达有强弱之分,磁性分选只能分选高表达群(抗原表达太弱达不到磁性分选要求时)或者高低表达群一起分选(弱表达抗原的量也能达到磁性分选要求时),而流式分选则可以将高表达群、低表达群、阴性群三者分开,可以同时分选这三种细胞。③ 流式分选可以先在FSC-SSC散点图中设门目标细胞所在的细胞群,即可以根据细胞的大小和颗粒度分选细胞,而磁性分选只能根据某标记的表达与否分选细胞,无法根据细胞的大小和颗粒度分选细胞。如用CD11c标记小鼠脾脏细胞分选DC,流式分选可以先在FSC-SSC散点图中设门,排除淋巴细胞的干扰,只分选细胞体积和颗粒度较大的CD11c$^+$的DC,所以不会分选某些表达CD11c的淋巴细胞,但是,磁性分选做不到这点,所以用磁珠结合的CD11c阳选时就会掺入淋巴细胞。④ 流式分选目前一次分选可以同时分选四种目标细胞,即实现四路分选,而磁性分选一次只能通过阳选或者阴选得到一种目标细胞。流式分选与磁性分选的优缺点总结于表6-1。

表6-1 流式分选与磁性分选比较表

比较项目	流式分选(FACS)	磁性分选(MACS)
设备要求	分选型流式细胞仪	专用的磁铁和柱子
试剂	荧光素偶联抗体	磁珠结合抗体
操作员要求	要求高,需专门培训	操作简单,要求不高
对细胞刺激	刺激大	刺激小
多标记识别细胞分选	可以分选	不可以
低表达群细胞分选	可以分选	不可以
识别细胞大小和颗粒度	能够识别	不可以
多路分选	四路分选	不可以

综上所述,流式分选对设备和技术员的要求较高,但是分选灵活,可以达到多方面的分选要求,而磁性分选对设备和技术员的要求虽较低,但是只能通过一个标记阴选或者阳选。从对细胞的刺激大

小和分选后细胞的活性角度考虑,磁性分选对细胞的刺激基本可以忽略,而流式分选对细胞的刺激相对较大,所以如果磁性分选能够达到实验要求时,一般首选磁性分选,磁性分选无法满足实验要求时再选择流式分选。

6.2 流式分选独立群体细胞

独立群体细胞是指需要分选的目标细胞在流式图上独立成群,与非目标细胞之间有明显的界线,能够完全分离开,不存在混合区域。流式分选的理想情况就是待分选的目标细胞为独立群体细胞,流式细胞仪能够准确鉴别细胞是目标细胞还是非目标细胞,此时非目标细胞掺入的机会最低,所以,流式分选独立群体细胞得率最高,纯度最高,是最为理想的分选情况。

利用流式细胞术分选细胞时希望待分选的目标细胞能够独立成群,希望每一次流式分选都能在这种理想的状态下进行。使目标细胞形成独立群体细胞需要考虑两个问题:① 选择最为恰当的抗原分子作为目标细胞的标志。目标细胞与非目标细胞有很多抗原分子表达上存在差异,但是这些有差异的抗原分子不是都能作为流式分选时目标细胞的标志性抗原分子的。首先,这个标志性分子应该位于细胞表面,这样不需要经过其他处理,荧光素偶联抗体就能直接与细胞表面的抗原结合,保证细胞的活性。如果抗原分子位于细胞内部,标记荧光素偶联抗体前必须先固定细胞,用打孔剂在细胞膜上打孔后,荧光素偶联抗体才能通过该孔进入细胞内与相应抗原结合。细胞经过固定打孔处理后就已经失去了活性,即使成功分选也无法进行下一步的功能试验等,流式分选也就失去了它的意义。如调节性T细胞最为特异性的标记是Foxp3,但是此转录因子位于细胞内部,流式检测调节性T细胞的比例时可以选用该标记,但是流式分选具有活性的能够进行后续功能试验的调节性T细胞时,就不能使用位于细胞内部的这个特异性的转录因子。其次,标志性抗原分子最好是目标细胞与非目标细胞间表达量差异最大的一个抗原分子,这样标记相应的荧光素偶联抗体后,荧光素量的差异就会最大,被相应激光激发后发射的荧光信号的差异也能达到最大,从而能够最大程度地通过荧光信号区分目标细胞和非目标细胞,让目标细胞群和非目标细胞群在流式图上能够完全分界,达到独立群体细胞分选的理想目标。② 选择荧光信号较强的荧光素。一旦选择了标志性抗原分子,目标细胞与非目标细胞之间该标志分子在表达量上的差异就已经确定了,这时就应该选择能够发射较强信号的荧光素,从而让目标细胞和非目标细胞之间的荧光信号差异更大。一般PE和APC荧光素发射的荧光信号较强,而PE荧光素能够被最常用的488nm激光器激发,所以PE是最为常用的用于流式分选的荧光素。如果分选型流式细胞仪同时配备有红激光器,APC也是首选的荧光素。最新开发的荧光素Alexa Fluor 488荧光信号也较强,也能够被488nm激光器激发,可以代替FITC用于流式分选。

流式分选独立细胞群体时设门相对比较简单,因为目标细胞与非目标细胞能够明显分界,所以只需圈出独立成群的目标细胞即可。此时设门的原则之一是尽量将所有的目标细胞都圈中,从而在最大程度上保证分选后细胞的得率;原则之二是尽量保证设的门能够远离非目标细胞,距离越远,非目标细胞掺入的概率就越低,分选得到的细胞的纯度就越高。所以,独立群体细胞设门时为了同时满足以上两个要求,使分选细胞的纯度和得率都能够尽可能地提高,独立群体不同方向上设门就应该采取不同的策略:靠近非目标细胞的一侧设门线尽量靠近目标细胞群,远离非目标细胞群;在非目标细胞的另一侧设门线可以尽量往外延伸,尽量将该侧所有的目标细胞都设门在内。如图6-1所示,要分选FITC阳性细胞,设门时在左侧靠近FITC阴性细胞侧,设门线尽量贴近FITC阳性细胞,远离FITC阴性细胞,保证分选的纯度,而在右侧可以将设门线往右侧延伸,尽量将所有的FITC阳性的细胞都设门在内,保证分选的得率。

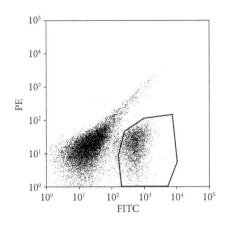

图6-1　独立群体细胞分选设门方法

6.3　流式分选非独立细胞群体

　　流式分选时目标细胞能够形成独立的细胞群体,与非目标细胞完全分界,是流式分选最为理想的状态。但是并不是所有的目标细胞都能与非目标细胞完全分界,形成独立的细胞群体,如果代表该细胞亚群的抗原分子表达较弱或者与非目标细胞群在表达上相差不多时,两者在流式图上就可能达不到完全分界,此时的目标细胞就是非独立细胞群体。

　　如图6-2A所示,上面的圆表示的是PE阳性细胞群,下面的圆表示的是PE阴性细胞群,两群细胞没有完全分界,在中间有部分区域相互重叠。在流式散点图中,各物理化学性质相同的细胞群表现为圆形,代表细胞的点呈现以圆心为中心的放射状分布,越靠近圆心,细胞越密集,越远离圆心,细胞越少。虽然该圆所代表的细胞群辐射的范围较广,但是该细胞群PE代表的抗原表达量却是相同的,细胞群在流式图上表现出的差异是由流式检测本身所导致的。所以,部分重叠的PE阳性细胞群和PE阴性细胞群可以分为三个区域,如图6-2B所示,就是最上面的纯阳性细胞区、中间的混合区和最下面的纯阴性细胞区。PE阳性细胞群可以向中间区域辐射,PE阴性细胞群也可以向中间区域辐射,此中间区域的细胞可能是PE阳性细胞也可能是PE阴性细胞。所以,如果需要分别分选PE阳性细胞和PE阴性细胞,设门就应该如图6-2C所示的方法,分选PE阳性细胞群时设门最上面的纯阳性细胞区,分选PE阴性细胞群时设门最下面的纯阴性细胞区,中间的混合细胞既不能被圈于阳性细胞分选区也不能被圈于阴性细胞区,这样才能保证分选后细胞的纯度。

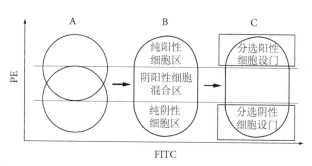

图6-2 流式分选非独立细胞设门示意图

图6-3所示的是两种不同的设门方法分选非独立细胞群体后的结果。样品细胞是李斯特菌感染模型小鼠脾脏的单细胞悬液,标记FITC-抗CD8抗体和PE-抗CD11c抗体,图6-3所示的都是FITC-PE散点图。实验要求分选CD11c$^+$CD8$^+$双阳性T细胞和CD11c$^-$CD8$^+$单阳性T细胞。如图6-3A所示,双阳性T细胞和单阳性T细胞没有明显分界,都不是独立细胞群体,而是具有公共区域的非独立细胞群体。

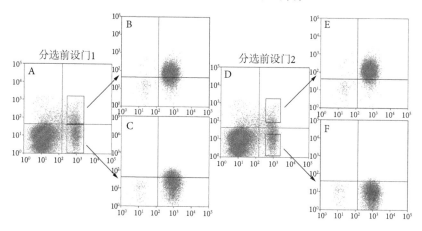

图6-3 流式分选非独立细胞亚群举例

　　第一种设门方法如图6-3A所示,直接根据PE阴阳性分界线,将分界线以上的细胞都圈入分选双阳性细胞,分选结果如图6-3B所示,有很大比例的PE阴性细胞掺入,因为这种设门方法将中间PE阳性细胞和PE阴性细胞的混合区域的上半部分也圈在内,导致部分PE阴性细胞的掺入;同理,将分界线以下的细胞都圈入分选单阳性细胞,分选结果如图6-3C所示,有很大比例的PE阳性细胞掺入。

　　第二种设门方法如图6-3D所示,设门时尽量避开中间的混合区域,只设门各自的纯细胞区域,分选双阳性细胞的结果如图6-3E所示,绝大多数的细胞都是PE阳性细胞,此时还是有少量的PE阴性细胞混合,可能是因为设门时圈入了小部分混合区域,可以再将设门框往上移,得到的细胞的纯度还可以进一步提高;分选单阳性细胞的结果如图6-3F所示,基本上所有的细胞都是PE阴性细胞,分选结果较为理想。

　　第一种设门方法因为将中间的混合区域都设门在内,所以导致混合区域细胞的相互掺入,分选的纯度很低,达不到实验要求。第二种设门方法尽量避免中间的混合区域,分选的细胞纯度较高,基本能够达到实验要求。越远离中间混合区域设门,分选后细胞的纯度越高,但是设门区域越远离中间混合区域,门内细胞占样品细胞的比例就会越低,分选后得到的细胞就会越少。所以,在设门时要充分考虑分选后细胞的纯度和得率,设门区域越远离中间混合区域,细胞的纯度会越高,但细胞的得率会越低;设门区域越接近中间混合区域,细胞的纯度会越低,但细胞的得率会越高。此外,如果设门区域已经都位于纯细胞区域,此时再将设门区域远离中间区域,也不会进一步提高分选细胞的纯度,因为此时非目标细胞已经基本没有掺入的机会,此时再移动设门区域,只会减少细胞的得率,而不会再增加细胞的纯度。

　　在保证分选后细胞纯度的前提下尽量提高细胞的得率,希望设门区域刚好就是纯细胞区域,此时非目标细胞没有掺入的机会,能够保证分选后细胞的纯度,而且门内细胞的比例符合此条件后的最大比例,能同时保证细胞的最大得率,这是流式分选非独立细胞群体的理想设门状态。但在实际分选时,流式分析者无法得到纯细胞区域和混合细胞区域界线的确切位置,只能根据经验大致判断其位置,然后设门,最后根据上样分选后的细胞才能判断设门是否理想。

虽然在流式散点图中不能确定纯细胞区域和中间混合区域分界线的准确位置,但是,可以根据相互混合的两种细胞群在流式散点图上的形状大致判断分界线的位置。图6-4所示的就是两种不同重合度的细胞群组合后在散点图上的形状。相互接触但不重合的两群细胞组合后形成"8"字形,如图6-4A所示;只有很少一部分重合(10%左右)的两群细胞组合后的形状呈现腰部凹陷的细长型,如图6-4B所示;一部分重合(40%左右)的两群细胞组合后的形状如图6-4C所示,中间混合区域的直径与两侧的纯细胞区相似;大部分重合(75%左右)的两群细胞组合后的形状呈现矮胖型,如图6-4D所示。所以,可以根据流式图上呈现的形状大致判断中间混合区域的范围大小,腰部较细的瘦长型提示中间的混合细胞区范围较小,此时分选设的门可以往中线移,范围可以适当扩大以提高分选后细胞的得率;腰部较粗的矮胖型提示中间的混合细胞区域范围较大,此时分选设的门应该远离中线,缩小范围以保证分选后细胞的纯度。

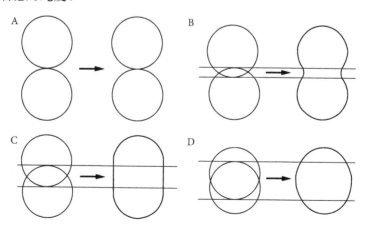

图6-4　流式分选非独立细胞群体中间混合区域鉴别

流式分选非独立细胞群体时设门非常关键,直接影响分选后细胞的纯度和得率,操作者虽然可以根据经验和流式图大致判断中间混合区域的范围,但是无法判断设门是否理想。在实际分选时,根据经验设门分选一段时间后可以暂停分选,然后上样分析分选后得到的细胞,判断此设门方法是否理想,如果不够理想,可以调整所设的门,然后再分选—分析,直到设的门最为理想为止,保证流式分选的纯度和得率。

6.4 流式分选低比例细胞群体

低比例细胞群体是指需要分选的目标细胞占样品细胞的比例小于1%的细胞群体,由于低比例细胞群属于弱势细胞群,经常会受到强势细胞群的辐射影响,流式分选这种低比例细胞群体时,有时得不到理想的纯度和得率。

6.4.1 强势细胞群的辐射影响

强势细胞群是指分选低比例细胞群时比例占据绝对优势的单阳性或者双阳性非目标细胞群。虽然在散点图中低比例细胞群可能与强势细胞群有一定的距离,呈现独立细胞群体,但是低比例细胞群本身比例太低,会受到强势细胞群的影响。因为细胞群体在散点图中的分布是类似于统计学中的正态分布,呈现以圆心为中心向周围不断辐射的形状,如果将散点图设置为累积显示流式分析的细胞,可以发现随着显示的细胞数越多,该细胞群的圆心位置细胞越来越浓,并且辐射的距离也越来越远,当然,辐射得越远,细胞越少,如图6-5所示。从概率角度分析,强势细胞是可以覆盖周围的独立细胞群,这也是实际分选过程中分选纯度达不到100%的原因之一,只是此时强势细胞因为离中心太远,比例很低,当目标细胞群的比例较高时,一般可以忽略,对于分选该独立细胞的纯度影响不会很大。

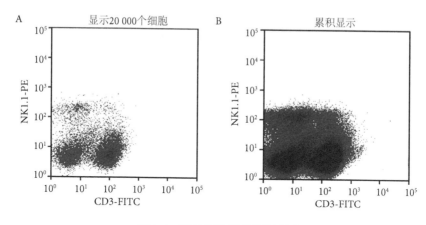

图 6-5　强势细胞群的辐射影响

　　但是,当强势细胞群周围的需要分选的独立细胞群比例很低时,尤其是当两者的距离不是很远时,这种强势细胞群的辐射影响就很大。举个简单的例子,某强势细胞群占样品细胞的比例为50%,该强势细胞群中有0.4%的细胞(占样品细胞比例为0.2%)能够通过辐射作用覆盖周围某一低比例独立细胞群,如果该低比例细胞群占样品细胞的比例为0.8%,那么设门该区域分选此低比例细胞群时,在该区域内就有0.8%的目标细胞和0.2%的辐射的强势细胞,分选后理论上最高纯度也只有80%;如果该低比例细胞群占样品细胞的比例为0.3%,则分选后理论上最高纯度只有60%。

　　因此分选低比例细胞群体时经常得不到理想的纯度,本节将介绍两种方法以提高低比例细胞群分选的纯度:第一种是流式分选结合磁性分选的方法;第二种是二次分选法。

6.4.2　流式分选结合磁性分选

　　分选低比例细胞群体时可采用流式分选结合磁性分选的方法。先用磁性分选的方法富集目标细胞群,去除或者减弱强势细胞群的影响,提高目标细胞群的比例,然后用流式分选的方法纯化目标细胞,此时流式分选就不再是低比例细胞群体的分选,而是高比例细胞群体的分选,能够保证分选后细胞的纯度,同时也能保证细胞的得率。

如从正常小鼠脾脏细胞中分选CD4$^+$CD25$^+$调节性T细胞,可以先标记磁珠结合抗CD4抗体,用磁性分选的方法纯化CD4 T,然后再用流式分选的方法分选CD4$^+$CD25$^+$调节性T细胞。用磁性分选的方法富集CD4 T后,基本上去除了B细胞和CD8 T细胞的影响,CD4$^+$CD25$^+$调节性T细胞的比例会大幅度提高,这群细胞将不再是原来的低比例细胞群体,再用流式分选的方法纯化目标细胞时,就可以保证纯度和得率。又如从正常小鼠脾脏细胞中分选CD11b$^+$NK细胞,可以先标记磁珠结合抗NK1.1抗体,用磁性分选的方法阳选NK细胞,去除T细胞和B细胞,然后再用流式分选的方法分选CD11b$^+$NK1.1$^+$双阳性细胞。

分选低比例细胞群时,用流式分选结合磁性分选的方法代替单纯流式分选具有三大优点:① 先用磁性分选的方法阳选,可以尽量去除样品中的细胞碎片、小颗粒性物质和细胞团块等,减少样品堵塞流式喷嘴的概率;② 先用磁性分选的方法富集目标细胞,可以去除或者减弱强势细胞的影响,提高目标细胞的比例,流式分选时目标细胞已经不是低比例细胞群,分选的纯度和得率都能够得到保证;③ 先用磁性分选的方法富集目标细胞,可以大幅度减少流式分选的样品细胞的总量,大幅度缩短流式分选所需要的时间,节省整个纯化过程的时间,提高分选后目标细胞的活力,保证下一步的功能试验。

6.4.3 二次分选法

流式分选低比例细胞群体时经常会因为强势细胞群的辐射影响,一次分选得不到理想的纯度,此时可以采用二次分选法,就是流式分选两次,将第一次流式分选得到的细胞再流式分选一次。第一次流式分选后目标细胞的纯度虽然达不到要求,但是此时各细胞群的比例已经发生了明显的变化,原来的低比例目标细胞群已经变成了强势细胞群,其比例已经占据了绝对的优势,此时再进行一次流式分选,就可以保证分选后细胞的纯度。

第二次流式分选必须采取纯化模式,才能保证最后得到的目标细胞的纯度。但是第一次流式分选就不需要使用纯化模式,因为不要求第一次流式分选后目标细胞有很高的纯度,只要保证第一次分选后目标细胞从原来的低比例细胞群变成高比例细胞群,占30%和60%的目标细胞第二次流式分选后的纯度不会有明显差别,第一次流式分选需要考虑的是目标细胞的得率。在纯化模式下分选,细胞的得率一般在50%~60%,而在富集模式下,细胞的得率接近100%。所以为了保证二次分选后目标细胞的得率,第一次分选需选用富集模式,另外,采用富集模式可以进一步提高分选速度以节省分选时间。二次分选法分选低比例细胞群的两次流式分选的比较总结于表6-2。

表6-2 二次分选法两次流式分选比较表

比较项目	第一次流式分选	第二次流式分选
目的	提高目标细胞比例	纯化目标细胞
分选模式选择	富集模式	纯化模式
分选速度控制	理想最高分选速度的80%	理想最高分选速度的50%
得率	100%	50%~60%
分选所需时间	占总时间的95%以上	可忽略不计

第二次流式分选的样品细胞是第一次流式分选得到的细胞,所以第二次流式分选的样品细胞量很少,分选时间相对于第一次分选所需要的时间几乎可以忽略不计。第一次流式分选和第二次流式分选的目标细胞相同,第一次流式分选时所有需要标记的抗体都已经标记完成,所以第二次流式分选时不需要额外再标记新的抗体,只需要将第一次流式分选得到的细胞离心沉淀,然后用少量的PBS或者培养基重悬沉淀,提高样品细胞的浓度就可以开始第二次流式分选。而且第一次流式分选采用的是富集模式,分选速度可以大幅度提高,分选所需的时间就可以大幅度减少,所以二次分选法所需要的总的分选时间少于一次分选法。但是,二次分选法需要进行两次流式分选,目标细胞经历两次通电刺激,同时也经过两次强电场,对其刺激是一次分选的两倍。所以,为了提高目标细胞的纯度采用二次分选法时,必须事先考虑目标细胞是否能够接受两次刺激,二次分选后细胞的活力是否能够达到下一步

功能试验的要求。如果目标细胞无法承受两次流式分选,经历两次流式分选后大部分得到的细胞会死亡,就不能采取这种方法。二次分选法与一次分选法分选低比例细胞群的比较总结于表6-3。

表6-3　低比例细胞群二次分选法和一次分选法比较表

项目	二次分选法	一次分选法
流式分选次数	两次	一次
所需分选时间	相对较短	相对较长
纯度	较高	不高
对细胞的刺激	两倍刺激量	一倍刺激量
得率	50%~60%	50%~60%

6.5　流式分选干细胞

干细胞(stem cell)是一类具有自我更新能力(self-renewing)的多潜能细胞,在一定条件下,可以分化成多种功能细胞。干细胞主要分为胚胎干细胞(embryonic stem cell)和成体干细胞(somatic stem cell):当受精卵分裂发育成囊胚时,内层细胞团的细胞就是胚胎干细胞,它可以分化为任何种类的细胞,理论上一个胚胎干细胞就可以分化发育成一个完整的个体;成体干细胞是能够分化为特定组织和器官的细胞,如造血干细胞、上皮干细胞和神经干细胞等,能够补充组织和器官中衰老凋亡的细胞。本节将具体介绍流式分选造血干细胞、侧群干细胞、间充质干细胞和肿瘤干细胞的方法。

6.5.1　流式分选造血干细胞

造血干细胞(hematopoietic stem cell, HSC)是具有自我更新能力的并且能够分化为所有血细胞和免疫细胞的细胞。理论上,回输一个造血干细胞就能够重建机体的造血系统。临床上,骨髓移植和在骨髓移植基础上发展起来的外周血造血干细胞移植已经成功用于治疗白血病,其原理是先用射线照射的方法破坏白血病患者的造血系统和免疫系统以及白血病肿瘤细胞,然后回输同种异体的造血干细胞,重建患者的造血系统和免疫系统,此免疫系统除了能够发挥正常的免疫功能外,还能够杀伤残留的肿瘤细胞,治疗白血病。临床上白血病的成功治疗归功于对造血干细胞的深入研究与认识,尤其是成功鉴定造血干细胞的表型后,富集纯化造血干细胞用于各种基础研究和临床应用。

流式分选是目前富集纯化造血干细胞最重要的方法。分选小鼠的造血干细胞主要选用股骨和胫骨的骨髓细胞,骨髓单细胞悬液的制备方法请参照第三章第一节。此外,从胎肝(fetal liver)中也可以纯化造血干细胞,但是制备胎肝的单细胞悬液比较复杂,而且胎肝中造血干细胞的细胞数和细胞比例都非常低,纯化造血干细胞一般还是首选骨髓细胞。小鼠造血干细胞的表型为$Lin^{-/lo}Sca-1^+CD117(c-kit)^+$。lineage(Lin)标记是造血干细胞来源的各种血细胞和免疫细胞的特异性标记的总合,小鼠的Lin标记包括T细胞的标记CD3、B细胞的标记B220(CD45R)、单核巨噬细胞的标记CD11b、粒细胞的标记Gr-1和红细胞的标记Ter119等。Lin标记虽然包含有很多种标记,但是在鉴定造血干细胞时可以将Lin标记作为一个标记,流式标记和分析时只需要分配一个流式通道。如将所有的Lin标记,包括CD3、B220、CD11b、Gr-1和Ter119等单克隆抗体都偶联FITC荧光素,流式分析时将FITC阴性或者低表达的细胞设门显示于Sca-1-CD117散点图中,其中双阳性的细胞就是造血干细胞,设门后就可以流式分选小鼠的造血干细胞。所以,分选小鼠的造血干细胞只需要三个荧光通道,最好选择FITC通道、PE通道和APC通道,FITC通道用于检测Lin标记,Sca-1和CD117的单克隆抗体最好偶联荧光信号较强的PE和APC荧光素,尽量使造血干细胞能够与非造血干细胞分离,达到分选独立细胞群体的目标。

标记Lin时,不需要分别购买各种标记的荧光素偶联的单克隆抗体,各流式抗体公司一般都有用于流式细胞术的lineage cocktail(各种Lin标记的混合抗体),有各种荧光素偶联的,也有生物素偶联的。荧光素偶联的lineage cocktail可以直接标记;生物素偶联的lineage cocktail需要间接标记,第一步标记生物素偶联的lineage cocktail后,还需要第二步标记荧光素偶联的链霉亲和素。选用荧光素偶联的还是生物素偶联的抗体需要根据实验要求决定,如果荧光通道分配明确,尽量选用荧光素偶联的lineage cocktail,直接标记法步骤简单,结果明确;如果流式分析时需要与其他各种荧光素偶联抗体搭配使用,为了提高通道分配时的灵活性可以选用生物素偶联的lineage cocktail,采用间接标记法。

小鼠骨髓单细胞悬液中的$Lin^{-/lo}Sca-1^+CD117^+$造血干细胞比例很低,一般低于1%。所以,流式分选小鼠骨髓的造血干细胞属于分选低比例细胞,流式直接一次分选时由于强势细胞群的辐射影响等,分选的造血干细胞纯度可能不会很高。如果实验需要高纯度的造血干细胞,可以使用本章第四节介绍的两种方法提高分选的纯度。采用流式分选结合磁性分选时,可以先标记磁珠结合的lineage cocktail,阴选去除Lin^+的细胞,提高造血干细胞的比例,然后再用流式分选的方法纯化。此法不但能够提高分选后细胞的纯度,而且在分选大量细胞时可以大幅度缩短纯化所需要的时间,最大程度地保持造血干细胞的活性,所以,流式分选结合磁性分选的方法是较为理想的分选小鼠骨髓造血干细胞的方法。采用二次分选法也可以提高分选的纯度,但是如果分选后的细胞需要进行克隆扩增或者分化诱导等实验时,需要充分考虑分选后得到的造血干细胞的活性是否能够达到要求,毕竟二次分选法对细胞的损伤较大。

小鼠造血干细胞可以进一步分为长期(long term)造血干细胞和短期(short term)造血干细胞,前者自我更新的能力较强,能够长期存在于小鼠体内,对于保持小鼠造血干细胞库的稳定起着重要作用,后者自我更新的能力相对较弱,但是分化能力相对较强。多能前体细胞(multipotent progenitor,MPP)的分化能力与造血干细胞相似,既能分化为髓系细胞也能分化为淋系细胞,但是该细胞已经失去了自我更新的能力,不是干细胞。多能前体细胞可以进一步分化为淋系前体细胞(common lymphoid progenitor,CLP)和髓系前体细胞(common myeloid progenitor,CMP)。淋系前体细胞可以进一步分化为T细胞、

B细胞和NK细胞前体,髓系前体细胞可以进一步分化为粒单核细胞系前体(granulocyte-monocyte progenitor, GMP)和巨核红细胞系前体(megakaryocyte-erythrocyte progenitor, MEP)。以上造血系统干细胞和前体细胞的标志性表型见表6-4。

表6-4　小鼠造血干细胞和前体细胞标记表

细胞名称	标记
长期造血干细胞(LT-HSC)	Lin⁻Sca-1⁺CD117⁺Thy-1ˡᵒIL-7Rα⁻Flk2⁻CD34⁻ˡᵒ
短期造血干细胞(ST-HSC)	Lin⁻Mac-1ˡᵒ Sca-1⁺CD117⁺Thy-1ˡᵒIL-7Rα⁻Flk2⁺CD34⁺
多能前体细胞(MPP)	Lin⁻Mac-1ˡᵒ Sca-1⁺CD117⁺Thy-1⁻IL-7Rα⁻Flk2⁺CD34⁺
淋系前体细胞(CLP)	Lin⁻Sca-1ˡᵒCD117ˡᵒThy-1⁻IL-7Rα⁺Flk2⁺CD27⁺CD34⁺CD43⁺
髓系前体细胞(CMP)	Lin⁻Sca-1⁻CD117⁺Thy-1⁻IL-7Rα⁻CD34⁺FcγR II/IIIˡᵒ
T细胞前体(Pro T)	Lin⁻CD4⁻ˡᵒCD25⁻CD44⁺CD117⁺Thy-1ˡᵒIL-7Rα⁺CD34⁺
B细胞前体(Pro B)	B220⁺CD19⁻CD24⁻CD43⁺AA4.1⁺IL-7Rα⁻
粒单核细胞系前体(GMP)	Lin⁻Sca-1⁻CD117⁺Thy-1⁻IL-7Rα⁻CD34⁺FcγR II/III⁺
巨核红细胞系前体(MEP)	Lin⁻Sca-1⁻CD117⁺Thy-1⁻IL-7Rα⁻CD34⁻FcγR II/IIIˡᵒ

从表6-4中可以看出,造血系统干细胞和前体细胞的标志性分子比较多,流式分析和流式分选具有一定的困难。常规鉴定这种细胞需要利用高维流式细胞术,即利用4个以上的荧光通道同时分析,如鉴定LT-HSC,需要同时标记7种荧光素偶联抗体,进行7色分析,7色分析不仅对硬件要求较高,需配备有多个激光器和7个以上荧光通道的流式细胞仪,而且7色分析的补偿调节和流式数据分析都非常复杂。解决方法之一是共用荧光通道,性质相似的标记可以使用同一种荧光素偶联的抗体,共用一个荧光通道,如鉴定或者分选LT-HSC时, Lin、IL-7Rα和Flk2都是阴性,可以都使用FITC荧光素偶联的抗体,共同使用FITC荧光通道;Sca-1和CD117都是阳性,可以都使用PE荧光素偶联的抗体,共同使用PE荧光通道;Thy-1为低表达,可以使用PerCP偶联的抗体,单独使用PerCP荧光通道;CD34为阴性或者低表达,可以使用APC偶联的抗体,单独使用APC荧光通道。这样原来的7色分析缩减为常规

使用的4色分析,如表6-5所示。

表6-5 鉴定或者分选LT-HSC(4色分析)荧光通道分配表

荧光通道	标记抗体	荧光信号特征
FITC通道	FITC偶联抗Lin抗体、FITC偶联抗IL-7Rα和FITC偶联抗Flk2抗体	阴性
PE通道	PE偶联抗Sca-1抗体和PE偶联抗CD117抗体	阳性
PerCP通道	PerCP偶联抗Thy-1抗体	低表达
APC通道	APC偶联抗CD34抗体	阴性或者低表达

通过共用荧光通道的方法减少同时使用的荧光通道的数量,对于流式分选这群细胞的分选纯度具有重要的意义。因为荧光通道反映的数据与细胞的真实数据之间不可避免地会产生误差,这也是流式分选的纯度不可能达到100%的原因之一,流式分选时同时使用的荧光通道数越多,这种误差累积得就越多,会大幅度降低分选的纯度。例如,由于这种误差的存在,使用1个荧光通道的分选纯度为95%,同时使用2个荧光通道的分选纯度就会降为90.25%(95%×95%),那么同时使用7个荧光通道的分选纯度将不到70%。所以,流式分选时同时使用的荧光通道越多,分选纯度会越低,通过共用荧光通道的方法就可以适当提高分选的纯度。

目前认为人的造血干细胞的标志为Lin⁻CD34⁺CD38⁻,人的Lin标记主要包括CD3、CD19、CD20、CD16、CD56、CD14、CD11b和CD15等。人的造血干细胞的分离纯化可以选择骨髓、胎肝和脐带血的单细胞悬液。CD34被认为是人的造血干细胞和前体细胞的标志,CD34⁺细胞占骨髓、胎肝和脐带血单细胞悬液的0.5%~5%。但是,造血干细胞只占CD34⁺细胞的很小一部分,其中占90%~99%的CD34⁺CD38⁺细胞内没有干细胞,而是富含大量的具有一定分化潜能的前体细胞,造血干细胞只存在于CD34⁺CD38⁻细胞群中。Lin⁻CD34⁺CD38⁻细胞也只是相对富集的造血干细胞,这群细胞并不都是造血干细胞。

根据表型标志,流式法分选人或者小鼠的造血干细胞(人的造血干细胞的表型标志为Lin⁻CD34⁺CD38⁻,小鼠的造血干细胞的表型标志为

Lin$^{-/lo}$Sca-1$^+$CD117$^+$)是一种常规的方法。此外,用Hoechst33342标记小鼠的骨髓或者人的骨髓、胎肝和脐带血的单细胞悬液,流式分选其中的侧群干细胞也可以富集、纯化造血干细胞。

6.5.2 流式分选侧群干细胞

干细胞一直是研究的热点,研究干细胞的关键技术之一是如何分离、纯化干细胞。由于干细胞比例很低,而且缺乏较为理想的表面标志,所以分离、纯化干细胞一直是个难题。后来,在用DNA荧光染料Hoechst33342标记细胞时发现了一群染色较低的细胞,称为侧群干细胞(side population cell, SP细胞)。SP细胞广泛分布于胚胎、成体组织和肿瘤细胞系中,具有自我更新和多向分化潜能,还具有独特的表型标记和生物学特征,因此代表了一种新的干细胞类型。SP细胞的研究增加了对干细胞增殖、分化及其发育调控机制的理解,同时还提供了一种从不同组织中分离纯化和利用多能干细胞的新策略,为组织工程和细胞治疗提供了新的干细胞材料来源。

Hoechst33342是一种亲脂性DNA荧光染料,可以自由通过活细胞的细胞膜进入细胞内,与DNA结合,所以可以直接标记活细胞的DNA。干细胞能够通过ABC(ATP bind cassette)运输蛋白Bcrp1/ABCG2将细胞内的Hoechst33342泵出细胞外,而非干细胞没有这种能力,所以用该染料标记时,干细胞染色较低,在流式图上能够明显区分于其他细胞。在Hoechst Red-Hoechst Blue散点图中,标记Hoechst33342后细胞呈现"鹰头"形状,而该鹰头的"鹰嘴"部位代表的就是SP细胞,如图6-6右图所示。钙离子阻断剂维拉帕米能够阻断SP细胞将细胞内的Hoechst33342泵出细胞外,所以可以设置维拉帕米的对照组,在此对照组的Hoechst Red-Hoechst Blue散点图中(图6-6左图),就没有代表SP细胞的鹰嘴。利用此对照组可以准确地判定SP细胞的区域,设门该区域直接分选SP细胞。Hoechst33342虽然可以直接标记活细胞,但它对细胞具有一定的毒性,所以实验中应加入PI或者7AAD标记死细胞,排除死细胞的影响,将所有活细胞设门显示于Hoechst Red-Hoechst Blue散点图中,然后再设门分选。

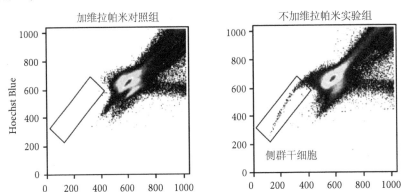

图6-6　流式分选侧群干细胞散点图

方法:

(1) 制备样品的单细胞悬液,将细胞浓度调整为1×10^6/ml,预热细胞至37℃。将细胞分为两组,加维拉帕米的对照组和不加维拉帕米的实验组。

(2) 两组均加入Hoechst33342,标记终浓度为5μg/ml,37℃水浴中避光标记90min。同时对照组中加入维拉帕米,终浓度为50μmol/mL。

(3) 标记后马上置于冰浴中终止染色,预冷的PBS洗涤2次。上样前,两组中加入PI或者7AAD用于排除死细胞的影响。然后就可上样分析,流式分析和流式分选时需启用温控系统(冷却系统)使样品一直保持于4℃。

(4) 流式分析和分选时需开启紫外激光器用于激发Hoechst33342,其发射的荧光信号用450/65nm带通滤片过滤后作为Hoechst Blue荧光通道,670/30nm带通滤片过滤后作为Hoechst Red荧光通道。在Hoechst Red-Hoechst Blue散点图中显示排除了PI或者7AAD阳性的死细胞的所有活细胞。

(5) 比较对照组和实验组的Hoechst Red-Hoechst Blue散点图,对照组中缺失实验组中的"鹰嘴"部分的细胞就是SP细胞(图6-6)。设门该区域就可以直接流式分选SP细胞了。

Hoechst33342染色是最经典的鉴定和分选SP细胞的方法,但是Hoechst33342需要紫外激光器激发,这种激光器价格昂贵,配备要求也相对较高,限制了Hoechst33342染色法分选SP细胞的应用。近年来发现了一种与Hoechst33342性质相似的染料DCV(dyeCycle violet)可代替Hoechst33342鉴定和分选SP细胞。DCV也能自由通过活细胞的细胞膜进入细胞内与DNA结合,也能被干细胞以相同的机制泵出细胞外,分化的细胞则不能主动将DCV染料泵出细胞。DCV染料与Hoechst33342染料鉴定的是同一群干细胞,但355nm的紫外激光器和405nm的紫激光器都可以激发DCV染料,而且效果相同。405nm的紫激光器价格较低,很多实验室都可配备,此时可用DCV染料代替经典的Hoechst33342染料鉴定和分选SP细胞。

6.5.3 流式分选间充质干细胞

骨髓中有两种干细胞,除了造血干细胞外,还有一种就是间充质干细胞(mesenchymal stem cell, MSC)。间充质干细胞具有很强的分化能力,在适当的条件下能够分化为骨、软骨、脂肪、其他间充质组织和来源于神经外胚层的各种细胞。组织损伤时,间充质干细胞的分化能力更强,如当脑组织损伤时,间充质干细胞能够迁移到脑组织中修复损伤的脑组织。间充质干细胞除了具有一般干细胞的功能外,还具有很强的免疫抑制功能,体内和体外实验都证明间充质干细胞能够通过细胞间的直接接触或者分泌多种免疫抑制性细胞因子,抑制各种T细胞的反应。目前,间充质干细胞已经广泛应用于临床,从人的骨活组织检查标本中能够很容易地得到间充质干细胞,用于造血干细胞回输治疗白血病和急性移植物抗宿主病(GVHD)等的治疗。

骨髓内间充质干细胞的比例很低,只占$1/10^5$,达不到直接流式分选的要求。但是,间充质干细胞在体外能够增殖,所以获得间充质干细胞的方法一般先需体外扩增间充质干细胞。间充质干细胞在骨髓细胞首次培养得到的、贴壁的基质细胞克隆中能占1/3左右,然后通过流式分选,可以得到大量的间充质干细胞,而且纯度也会很高。

间充质干细胞体外扩增的方法：

(1) 制备骨髓的单细胞悬液。

(2) 将骨髓细胞铺于6孔板中,细胞密度控制在$5×10^5/cm^2$,用含10%胎牛血清的DMEM培养基,培养于37℃、5%CO_2孵箱中。

(3) 72h后去除未贴壁的细胞。

(4) 骨髓基质细胞长到80%满时,用胰酶37℃消化约10min传代。

(5) 传代4或5次。

(6) 胰酶消化收集扩增的贴壁细胞,洗涤一次后,标记荧光素偶联抗体流式分选间充质干细胞。

新鲜分离的骨髓细胞绝大多数是造血系统的细胞,而造血系统的细胞多数是悬浮细胞,体外扩增富集间充质干细胞的过程中会将绝大多数的悬浮细胞去掉,所以间充质干细胞在体外培养扩增后的骨髓贴壁细胞中占有较高的比例。

间充质干细胞的表型为$CD45^-CD34^-CD14^-CD105^+CD106^+CD44^+$。流式分选时可以采用共用荧光通道的方法,前3个阴性的标记共用一个荧光通道,后3个阳性标记也共用一个荧光通道。如流式分选时同时标记FITC偶联的抗CD45抗体、抗CD34抗体、抗CD14抗体和PE偶联的抗CD105抗体、抗CD106抗体、抗CD44抗体,然后在FITC-PE散点图中设门FITC阴性、PE阳性的细胞就可以分选间充质干细胞了。

人的间充质干细胞的表型现在推荐使用$CD73^+CD90^+CD105^+$ $CD34^-CD45^-HLA^-DR^-$,可以从人的骨髓或者脂肪组织中通过此表型富集纯化人的间充质干细胞,在体外增殖和预分化后回输到需要组织修复的部位,希望能够修复组织,治疗疾病。

6.5.4　流式分选肿瘤干细胞

肿瘤干细胞(cancer stem cell)的概念于20世纪80年代末被首次提出,肿瘤干细胞最早在白血病肿瘤细胞中发现,后来在实体肿瘤中也发现了肿瘤干细胞。肿瘤干细胞的假说认为,肿瘤也是一种组织,与其他组织器官相似,肿瘤组织也是由各种细胞组成的,如肿瘤实质细胞、肿瘤血管内皮细胞、肿瘤基质细胞等,这些细胞都是由肿瘤干细胞分化而来的,肿瘤干细胞具有无限地自我更新能力并能够分化成肿瘤组织内的各种细胞,而肿瘤细胞只有有限的增殖能力,而且没有独自成瘤的能力。

鉴定分选肿瘤干细胞主要有以下几种方法:① 肿瘤干细胞本质上是一种干细胞,可以用Hoechst33342染色肿瘤细胞后,流式分选侧群干细胞,分选得到的侧群干细胞可能就是富集的肿瘤干细胞。根据实验的具体要求,肿瘤细胞可以选择从新鲜肿瘤标本中得到的原代肿瘤细胞,也可以选择体外培养建系后的肿瘤细胞株。② 根据表型标记荧光素偶联抗体后流式分选肿瘤干细胞。但是,肿瘤干细胞没有统一的、特异性的标志,虽然目前已经在很多种非实体或者实体肿瘤组织中鉴定出可能的肿瘤干细胞,但是鉴定出的每一种肿瘤干细胞的表型都不同,如乳腺癌的肿瘤干细胞的表型为$CD44^+CD24^{-/lo}$、脑肿瘤和结肠癌的肿瘤干细胞的表型为$CD133^+$、前列腺癌的肿瘤干细胞的表型为$CD44^+\alpha_2\beta_1^{hi}CD133^+$。所以,流式分选某肿瘤的肿瘤干细胞时,如果已经明确了其表型,那么只需直接标记荧光素偶联的该表型分子的单克隆抗体,就可以进行流式分选了;如果该肿瘤的肿瘤干细胞的表型并不明确,就需要先筛选特异性表型分子,首先需确定候选标志,如CD133,然后用荧光素偶联的抗CD133抗体标记肿瘤细胞,流式分选$CD133^+$和$CD133^-$的细胞,再设计实验证明$CD133^+$细胞是否是这种肿瘤的肿瘤干细胞。目前已经实验证明的各类型肿瘤的肿瘤干细胞表型见表6-6。③ 第3种方法是通过检测醛脱氢酶1(aldehyde dehydrogenase,ALDH)的活性鉴定肿瘤干细胞。人体内已经鉴定到19种ALDH,能够催化细胞内各种醛类的氧化反应。在正常细胞或者肿瘤干细胞内,ALDH1能够催化视黄醇为视黄酸,这一反应对包括肝、前列腺和肾脏的各种脏器的正常发育和稳态的维持相当重要。在乳腺癌和肺癌等的肿瘤干细胞内发现ALDH1的活性明显增高,研究认为ALDH1高活性对肿瘤干细胞的长期存活和对各种化疗药物的抵抗具有重要的意义,因此,可以通过检测ALDH1的活性鉴定和流式分选肿瘤干细胞。BAAA(Bodipy^{TM}-amionoacetaldehyde)可以用于检测细胞内ALDH1的活性,BAAA能够自由通过活细胞的细胞膜进入细胞内,然后被细胞内的ALDH1催化为BAA(Bodipy™-amionoacetate),加入ABC运输蛋白阻断剂后能够抑制BAA被ABC排出细胞外。普通的488nm激光激发BAA产生的荧光信号刚好被FITC(FL1)荧光通道接收分析。阴性对照组中加入ALDH阻断剂二乙氨基苯甲醛(diethylamino-benzaldehyde)。现在已有检测ALDH1活性的商品化的试剂盒,该法可以检测肿瘤细胞系和新鲜分离的肿瘤细胞内的肿瘤干细胞。④ 以上3种检测肿瘤干细胞的方法都有其优势和局限性,所以,研究者可以有机的将这些方法组合起来鉴定和分选肿瘤干细胞,从而获得更多的有关肿瘤干细胞的信息,分选得到更纯的肿瘤干细胞。但是在联合使用SP法和ALDH1活性检测法鉴定和分选肿瘤干细胞时需要注意,这2种检测方法不能同时使用,因为ALDH1活性检测时需要加入ABC运输蛋白阻断剂,而该阻断剂则刚好抑制了SP细胞的检测。研究者可以先利用流式细胞术分选得到SP细胞,然后进一步检测或者分选SP细胞内ALDH1活性高的细胞。

表6-6　各类型肿瘤的肿瘤干细胞表型表

肿瘤类型	肿瘤干细胞表型
急性髓系白血病(AML)	CD34$^+$CD38$^-$ 或者 CD90$^+$
急性淋系白血病(ALL)	CD34$^+$CD38$^-$CD19$^+$
乳腺癌	ESA$^+$CD44$^+$CD24$^{-/low}$Lin$^-$ 或者 CD90^{low}CD44$^+$ 或者 CD44$^+$CD24$^{-/low}$ALDH1^{high}
脑肿瘤	CD133$^+$
结肠癌	CD133$^+$ 或者 ESA$^+$CD44$^+$ 或者 CD133$^+$CD44$^+$ 或者 CD133$^+$CD24$^+$
肝癌	CD133$^+$ 或者 CD90$^+$ 或者 CD133$^+$CD44$^+$ 或者 EpCAM$^+$
胃癌	CD44$^+$
胰腺癌	CD44$^+$CD24$^+$ESA$^+$
肾细胞癌	CD105$^+$
骨肉瘤	Stro-1$^+$CD105$^+$CD44$^+$
卵巢癌	CD133$^+$ALDH$^+$ 或者 CD44$^+$CD117$^+$
头颈部癌	CD44$^+$

　　分选得到的细胞是否是肿瘤干细胞或者是否是富集的肿瘤干细胞需要设计实验来证明。即需要证明分选得到的细胞是否是肿瘤来源的干细胞,一般分选的样品细胞都是原代或者建系的肿瘤细胞,分选得到的细胞肯定是肿瘤来源的,所以只需证明得到的细胞是干细胞就可以了。干细胞具有自我更新和分化的能力,所以需证明得到的细胞具有自我更新和分化的能力,自我更新的能力反映在肿瘤干细胞上就是快速、独立成瘤的能力。证明人的肿瘤干细胞的方法最常用的是NOD-SCID免疫缺陷小鼠肿瘤细胞种植方法,一般的肿瘤细胞需种植10^5细胞细胞才能在NOD-SCID小鼠内成瘤,而肿瘤干细胞一般只需种植100个。如需证明某肿瘤CD133$^+$肿瘤细胞是肿瘤干细胞,若100个CD133$^+$肿瘤细胞种植到NOD-SCID小鼠内能够成瘤,说明该CD133$^+$肿瘤细胞具有较强的独立成瘤能力,如果在NOD-SCID小鼠种植得到的肿瘤细胞内不仅有CD133$^+$细胞,而且也有CD133$^-$细胞,说明该CD133$^+$肿瘤细胞具有一定的分化能力,CD133$^+$肿瘤干细胞能够分化为CD133$^-$细胞,以上这两点就可以证明该细胞可能是肿瘤干细胞。

参考文献

Challen GA, Little MH. 2006. A side order of stem cells: the SP phenotype. Stem Cell, 24(1): 3-12

Fong CY, Peh GS, Gauthaman K, et al. 2009. Separation of SSEA-4 and TRA-1-60 labelled undifferentiated human embryonic stem cells from a heteogeneous cell populations using magnetic-activated cell sorting (MACS) and fluorescence-activated cell sorting (FACS). Stem Cell Rev, 5(1): 72-80

Geens M, Van de Velde H, De Block G, et al. 2007. The efficiency of magnetic-activated cell sorting and fluorescence-activated cell sorting in the decontamination of testicular cell suspensions in cancer patients. Hum Reprod, 22(3): 733-742

Goodell MA, Brose K, Paradis G, et al. 1996. Isolation and functional properties of murine hematopoietic stem cells that are replicating in vivo. J Exp Med, 183(4): 1797-1806

Goodell MA, Rosenzweig M, Kim H, et al. 1997. Dye efflux studies suggest that hematopoietic stem cells expressing low or undetectable levels of CD34 antigen exists in multiple species. Nat Med, 3(12): 1337-1345

Greve B, Kelsch R, Spaniol K, et al. 2012. Flow cytometry in cancer stem cell analysis and separation.

Cytometry A, 81: 284-293

Ibrahim SF, van den Engh G. 2003. High-speed cell sorting: fundamentals and recent advances. Curr Opin Biotechnol, 14(1): 5-12

Ibrahim SF, van den Engh G. 2007. Flow cytometry and cell sorting. Adv Biochem Eng Biotechnol, 106: 19-39

Kondo M, Wagers AJ, Manz MG, et al. 2003. Biology of hematopoietic stem cells and progenitors: implications for clinical application. Annu Rev Immunol, 21: 759-806

Lobo NA, Shimono Y, Qian D, et al. 2007. The biology of cancer stem cells. Annu Rev Cell Dev Biol, 23:675-699

Nery AA, Nascimento IC, Glaser T, et al. 2013. Human mesenchymal stem cells: from immunophenotyping by flow cytometry to clinical applications. Cytometry A, 83: 48-61

Singh SK, Hawkins C, Clarke ID, et al. 2004. Identification of human brain tumour initiating cells. Nature, 432(7015): 396-401

Telford WG, Bradford J, Godfrey W, et al. 2007. Side population analysis using a violet-excited cell-permeable DNA binding dye. Stem Cells, 25(4): 1029-1036

Uccelli A, Moretta L, Pistoia V. 2008. Mesenchymal stem cells in health and disease. Nat Rev Immunol, 8(9): 726-736

Zappia E, Casazza S, Pedemonte E, et al. 2005. Mesenchymal stem cells ameliorate experimental autoimmune encephalomyelitis inducing T-cell anergy. Blood, 106: 1755-1761